本書の構成と

JN059141

構　　成	
教科書の整理	教科書のポイントをわかりやすく整理し，**重要語句**をピックアップしています。日常の学習やテスト前の復習に活用してください。 発展的な学習の箇所には **発展** の表示を入れています。
気づきラボ・実験 のガイド	教科書の「**気づきラボ**」や「**実験**」を行う際の留意点や結果の例，考察に参考となる事項を解説しています。準備やまとめに活用してください。
問いのガイド	教科書の問いを解く上での重要事項や着眼点を示しています。解答の指針や使う公式は **ポイント** を，解法は **解き方** を参照して，自分で解いてみてください。
章末確認問題 のガイド	問いのガイドと同様に，章末問題を解く上での重要事項や着眼点を示しています。
探究のガイド	教科書の各章末の「**探究 PLUS**」を行う際の留意点や結果の例，考察に参考となる事項を解説しています。準備やまとめに活用してください。
チャレンジ問題 問いののガイド	巻末のチャレンジ問題や基本演習の問いを解く上での重要事項や着眼点を示しています。

⚠ここに注意 … 間違いやすいことや誤解しやすいことの注意を促しています。

👀もっと詳しく … 解説をさらに詳しく補足しています。

📓テストに出る … 定期テストで問われやすい内容を示しています。

目 次

1編　化学と人間生活

1章　化学とは何か

気づきラボのガイド

教科書 **p.11**　気づきラボ　**1. 2つの物質を区別しよう**

┃課題のガイド┃

1. 水に溶かしたり，加熱したりして，そのときの変化から物質を区別する。

┃操作の留意点┃

1. ガスバーナーや，電流計など使用する機器の取り扱いを理解する。
2. 化学実験に使用する物質には，有害なものや毒性のあるものがある。このため，口に入れたり，むやみに扱ったりしないようにする。

┃考察のガイド┃

（例1）食塩と砂糖

区別する方法	食塩	砂糖
水の温度を上げたときの水への溶け方	溶ける量はあまり変化しない	温度が上がるほどよく溶ける
粉末を燃焼皿で加熱する	変化なし	融けて燃焼し焦げる
水溶液の電気伝導性	電気を通す	電気を通さない
水溶液の水を蒸発させて残った物質の形状	立方体の固体が残る	立方体でない六面体の固体が残る

（例2）食塩とベーキングパウダー

区別する方法	食塩	ベーキングパウダー
水への溶けかた	溶ける	少ししか溶けない
水溶液を加熱する	変化なし	気体が発生する
粉末を加熱し，加熱後の質量をはかる	変化なし	（気体が発生し）質量が減少する

※食塩水は中性，ベーキングパウダーの主成分である炭酸水素ナトリウムの水溶液はアルカリ性（塩基性）を示す。しかし，ベーキングパウダーには酸性の物質が加えられていることがあるため，必ずしもアルカリ性を示すとは限らない。

2章　物質の成分と構成元素

教科書の整理

❶節 物質の成分

教科書 p.12〜17

A 純物質と混合物

①**純物質**　1種類の物質だけからできたもの。物質ごとに，融点や沸点，密度が決まっている。

例酸素 O_2，塩化水素 HCl

②**混合物**　2種類以上の物質が混じり合ってできた物質。混じり合う物質の種類や割合によって，性質(沸点など)が異なる。

例空気(窒素や酸素などの混合物)，海水

重要語句
純物質
混合物

教科書 p.13　コラム　**ロウソクの燃焼**

　ロウソクの燃焼を見るだけでも，さまざまな現象や物質が観察できる。このことはファラデーによって書かれた150年以上前の本である，『ロウソクの科学』という本にまとめられている。

　例えば，燃焼するロウソクにビーカーを逆さまにしてかぶせると火は消えることから，ロウソクの燃焼には酸素が必要なことがわかる。ほかにも，ロウソクが燃焼するときには水やすす(炭素)が発生し，また，ロウソクの燃焼によって発生した空気を石灰水に通すことで，二酸化炭素が発生することもわかる。

B 混合物の分離と精製

①**分離**　混合物から，成分となる物質を取り出す操作。

②**精製**　不純物を取り除き，純度の高い物質を得る操作。

③**ろ過**　固体と液体が混じった混合物を分離する操作。ろ過のときはろ紙を使うことが多く，ろ過を通り抜けた液体をろ液という。

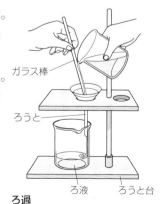

ガラス棒

ろうと

ろ液　　ろうと台

ろ過

テストに出る

　ろ過の操作では，次の点に特に注意する。

・ろうとの先をビーカーの内壁につける。

・試料液は，ガラス棒に伝わらせて静かに注ぐ。

④**蒸留**　沸点の違い利用して，混合物から液体を分離する操作。混合物を加熱して沸騰させ，発生した蒸気を冷却して液体に戻すことで分離する。

⑤**分留**　蒸留の一種で，2種類以上の液体の混合物を蒸留により分離する操作。

重要語句
分離
精製
ろ過
蒸留
分留

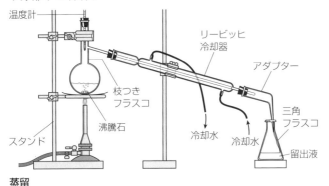

温度計
リービッヒ冷却器
アダプター
枝つきフラスコ
三角フラスコ
沸騰石
冷却水
冷却水
スタンド
留出液

蒸留

📝テストに出る

蒸留で注意すべきこと

・試料液の量は，枝付きフラスコの半分以下にする。

・突沸（急に沸騰すること）を防ぐために，加熱前に試料液に沸騰石を入れる。

・温度計の先端は，枝付きフラスコの枝（の付け根）の位置に合わせる。

・リービッヒ冷却器の水を入れる向きに注意する（上図）。

・圧力が上昇して栓が飛ぶ危険があるため，三角フラスコ（受け器）は密閉しない。

⑥**再結晶**　温度による溶けやすさの差を利用して固体物質から不純物を取り除き，より純度の高い結晶として取り出す操作。

重要語句
再結晶

教科書 p.15 📎コラム　溶解度と溶解度曲線

　溶媒100 gに溶ける物質の最大質量〔g〕を，単位をつけずに表したものを溶解度という。また，温度による溶解度の変化をグラフに表したものを溶解度曲線という。再結晶は，この溶解度の変化を利用した方法である。

　例えば，硫酸銅（Ⅱ）10 gと硝酸カリウム60 gが混ざった混合物から硝酸カリウムを取り出す方法を考える。この

重要語句
溶解度
溶解度曲線

混合物を60℃ の水 100 g に入れると，右のグラフから，混合物に含まれる物質がどちらも溶ける。

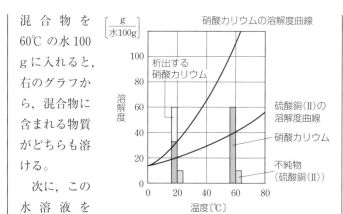

硝酸カリウムの溶解度曲線

析出する硝酸カリウム

硫酸銅(Ⅱ)の溶解度曲線

硝酸カリウム

不純物（硫酸銅(Ⅱ)）

溶解度

温度〔℃〕

　次に，この水溶液を 60℃ から 20℃ に冷やすと，硝酸カリウムは溶ける限界の量を超えてしまうため，約 28 g の硝酸カリウムが結晶として析出する。一方で，不純物である硫酸銅(Ⅱ)は 60℃ でも 20℃ でも飽和に達しない（溶ける限界の量より少ない）ため，結晶として析出しない。

⑦**昇華法**　固体から液体にならずに，直接気体になる変化を昇華という。この昇華しやすい物質（ヨウ素やナフタレンなど）を昇華によって分離・精製する操作を昇華法という。

⑧**抽出**　溶媒（物質を溶かす液体）に対する溶けやすさの違いを利用し，混合物から目的とする物質を溶かして分離する操作。分液ろうとを使って操作することが多い。

⑨**クロマトグラフィー**　ろ紙などへの吸着力の違いや溶媒への溶けやすさによる移動速度の差を利用して分離する操作。ろ紙を用いる場合は，ペーパークロマトグラフィーという。

教科書 **p.17**　**コラム**　**いろいろな分離方法**

　日常生活においても，分離の操作は行われている。

　例えば，ドラム式洗濯機は，遠心力によって試料を構成するものを分離する操作である遠心分離法を用いる。ほかにも，植物に水蒸気をあてて，水蒸気と一緒に香りの成分などを蒸留する操作である水蒸気蒸留などが使われる。

❷節 物質の構成元素

教科書 **p.18〜23**

A 元素

①**元素** 物質を構成する基本的な成分。

②**元素記号** 元素を表すときに用いる記号。1文字目はアルファベットの大文字，2文字目は小文字で書く。

例水素 H，鉄 Fe，塩素 Cl，マグネシウム Mg など

③**元素の周期表** ある規則に従って元素を並べた表。

重要語句
元素
元素記号

B 単体と化合物

①**単体** 1種類の元素からなり，これ以上別の物質に分解できない純物質。

例水素 H_2，ナトリウム Na，酸素 O_2，塩素 Cl_2

②**化合物** 2種類以上の元素からできている純物質。

例塩化ナトリウム NaCl，水 H_2O，塩化水素 HCl

重要語句
単体
化合物

▌テストに出る

単体名と元素名
単体を意味するときは実際に存在する具体的な純物質を指すが，元素を意味するときは純物質を構成する成分を指す。

③**同素体** 同じ種類の元素からできているが，色，硬さ，熱や電気の伝えやすさなどの性質が異なる単体。炭素 C，酸素 O，硫黄 S，リン P などに存在する。結晶をかたちづくる原子の並び方や結びつき方のちがいによってできる。

・炭素 C の同素体：ダイヤモンド，黒鉛，フラーレン，カーボンナノチューブなど
・酸素 O の同素体：酸素，オゾン
・硫黄 S の同素体：斜方硫黄，単斜硫黄，ゴム状硫黄
・リン P の同素体：黄リン(白リン)，赤リン

重要語句
同素体

🔍もっと詳しく
同素体が存在する元素は，SCOP (スコップ)で覚える。

教科書 p.21 ▌コラム 元素記号の変遷

現在の元素記号は，スウェーデンのベルセーリウスが，元素をラテン語の頭文字で表したことに由来する。当初はアルファベット1文字だったが，新しい元素が発見されるにつれて2文字でも表されるようになり，ラテン語だけでなく英語・ドイツ語なども用いられるようになった。

なお，日本でも新しい元素が発見され，2016年に「ニホニウム（元素記号：Nh）」と命名された。

C 元素の確認

①**炎色反応** ある元素を含む物質を外炎の中で加熱すると，その元素に応じて炎の色が変わる現象。それぞれの元素に特有な色が現れるので，その色から物質に含まれる元素の種類を特定することができる。

重要語句
炎色反応

主な元素の炎色反応

元素	リチウム Li	ナトリウム Na	カリウム K	カルシウム Ca	ストロンチウム Sr	バリウム Ba	銅 Cu
炎の色	赤	黄	赤紫	橙赤(とうせき)	紅(深赤)(くれない)	黄緑	青緑

テストに出る
炎色反応の覚え方
リアカー（Li 赤）　なき（Na 黄）　K村（K 紫）　動力（Cu 緑）
借りると（Ca 橙）　するもくれない（Sr 紅）　馬力（Ba 緑）

②**沈殿** 化学反応などによって溶液中に生成する，溶液に溶けない固体。沈殿の生成により，特定の元素を確認できる場合がある。

もっと詳しく
炎色反応は，花火の色にも利用されている。

沈殿の生成による元素の確認
・塩素 Cl の確認　塩素を含む水溶液に硝酸銀（$AgNO_3$）水溶液を加えると，塩化銀 AgCl の白色沈殿が生成する。
・炭素 C の確認　発生した炭素を含む気体を石灰水に通すと石灰水が白濁する。このとき，炭酸カルシウム $CaCO_3$ の白色沈殿が生成する。

もっと詳しく
石灰水は，水酸化カルシウム $Ca(OH)_2$ の飽和水溶液である。

❸節 物質の三態

教科書 p.24〜27

A 粒子の熱運動

①**拡散** 物質をつくる粒子が自然に広がり，濃度が均一になっていく現象。気体中でも液体中でも起こる。
②**熱運動** 物質をつくる粒子が絶えず行う不規則な運動。温度が高くなるほど熱運動は激しくなる。拡散は粒子の熱運動によって進行する。

重要語句
拡散
熱運動

B 物質の三態と状態変化

重要語句
物質の三態 状態変化

①**物質の三態**　物質が温度と圧力によって変化する，固体・液体・気体の3つの状態。物質が三態を示すのは，粒子どうしが引き合う力と熱運動で離れようとする力の大きさの関係が変化するためである。

②**状態変化**　物質の三態が，温度や圧力によって相互に変化すること。固体・液体・気体の3つの状態の変化は，下のように名称がついている。

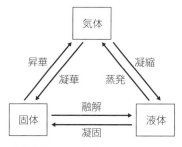

状態変化とその名称

③**状態変化と温度**　圧力が一定のとき，純物質の状態変化は決まった温度で起こる。また，状態変化の最中は，温度が以下の状態で一定に保たれる。

重要語句
融点 沸点 物理変化 化学変化

・融点　固体が融けて，液体になる温度。
・凝固点　液体が固まり，固体になる温度。純物質の場合は，融点と凝固点が同じ温度である。
・沸点　液体が沸騰（表面からだけでなく内部からも蒸発すること）し，気体になる温度。

④**物理変化**　物質の状態（三態など）だけが変化し，物質の種類・組み合わせ自体は変化していないこと。

⑤**化学変化**　物質をつくる粒子の種類・組み合わせが変化し，別の物質に変化すること。化学反応ともいう。

⑥**状態変化と熱運動**　物質が状態変化するのは，物質をつくる粒子どうしが引き合う力と熱運動でばらばらになろうとする力の大小の関係が変化するためである。物質の温度を上げると，物質をつくる粒子の熱運動が活発になり，固体から液体へ，液体から気体へなろうとする。物質の粒子にはたらく2

つの力の関係は，以下のようになっている。

物質の状態と粒子のようす

	固体	液体	気体
熱運動の ようす	非常に穏やかで，一定の位置を中心にごくわずかに振動している。	固体より少し活発で，規則正しい配列が乱れており，移動できる。	最も激しく，空間を自由に飛び回っている。
粒子間の力	最も大きい	固体より小さい	大変小さい
粒子間の距離	小さい*	固体より大きい	最も大きい
粒子モデル			

＊水は，固体の氷の方が液体の水よりも粒子（分子）の間の距離が少し大きい（4℃で最小になる）。

教科書 p.27　コラム　蒸気の利用

　液体の水が水蒸気になると体積が大きくなるという性質を利用して，動力を得る装置を蒸気機関という。蒸気機関はイギリスのワットによって改良され，産業革命をもたらした。

気づきラボ・実験のガイド

| 教科書 p.17 | 気づきラボ | 2. 水性サインペンの色素を分離してみよう |

▌操作の留意点▌

1. ろ紙を水に浸す前には，ろ紙が水でぬれることがないようにする。
　　水に浸す前にろ紙がぬれてしまうと，ろ紙の吸着力をうまく利用することができない。
2. ろ紙を浸した際に，展開面のろ紙が曲がってしまわないようにする。
　　サインペンの色素をうまく分離するには，色素がまっすぐに上がっていく状態がよい。このため，ろ紙が曲がらないように水に浸すようにするとよい。

▌考察のガイド▌

1. このような操作で混合物を各成分に分離する操作をクロマトグラフィーという。ここでは，物質によるろ紙への吸着力や水への溶けやすさの違いによって，水性サインペンの色素がろ紙上を移動する速度が異なるため，水性サインペンの色素がいくつかの色に分かれる。したがって，同じ高さの位置に移動した色素は，同じ物質であると考えられる。
2. 水性サインペンのインクは，さまざまな色をつくるためや色調を整えるために，複数の色素を混ぜてつくられる場合が多い。また，メーカーによって色素の種類や配合が異なるため，同じような色合いのサインペンでも，ろ紙に展開された色素のようすが違う。
3. 黒インクについても，色調を整えるために，単色での黒ではなく数色の色素からつくられているものもある。

| 教科書 p.23 | 実験1 | さまざまな物質の炎色反応を確かめてみよう |

▌操作の留意点▌

1. エタノールは引火しやすいため，むやみに火を近づけない。
2. 点火した後は蒸発皿が高温になっているため，そのまま手で触れたりしてはならない。
3. 各蒸発皿に点火した後は，必ず炎が燃え尽きるまで観察する。途中でエタノールをつぎ足してはならない。

║ 考察のガイド ║

> **考察**　❶図 19（教科書 p.22）を参考にし，炎の色から，溶けている元素の種類を推測する。

❶　（例）塩化バリウム $BaCl_2$ のとき：炎が黄緑色に変化したことから，バリウム Ba が含まれていると推測できる。

他の水溶液においても，以下のような炎の色が観察できる。

- ・塩化ナトリウム NaCl：黄色
- ・塩化カリウム KCl：赤紫色
- ・塩化ストロンチウム $SrCl_2$：紅色
- ・塩化リチウム LiCl：赤色
- ・塩化銅（Ⅱ）$CuCl_2$：青緑色
- ・塩化カルシウム $CaCl_2$：橙赤色

教科書 p.24　**気づきラボ**　**3. 2-メチル-2-プロパノールを使って状態の変化を観察しよう**

║ 操作の留意点 ║

1．2-メチル-2-プロパノールが気体になったときに袋から漏れないように，袋の口を固くとめる。

2．2-メチル-2-プロパノールは，融点 25℃，沸点 83℃であるため，状態変化が観察しやすい。状態変化によって体積がどのように変化したのかも観察する。

║ 考察のガイド ║

1．袋の 2-メチル-2-プロパノールが，温度の変化により，❶液体から固体，❷固体から液体，❸液体から気体，❹気体から液体　となるようすが見られる。

2．一般に，物質の体積は，固体，液体，気体の順に大きくなり，気体になったときの体積はたいへん大きくなる。

教科書 p.25　**気づきラボ**　**4. 液体中での拡散を観察しよう**

║ 操作上の留意点 ║

1．赤インクで着色した水は，液面の中央部に静かに落とす。

2．グリセリンの温度を上げた際にも同様の実験を行い，赤インクの拡散の速さや広がり方を観察する。

║ 考察のガイド ║

1．着色した水が，ゆっくりとグリセリンの中に広がっていくようすが見られる。

2．温度が高いと，粒子の熱運動が激しくなり，広がり方が速くなる。

問いのガイド

教科書 p.13 問 1

次の物質を，純物質と混合物に分類せよ。
(1) 鉄 　(2) 石油 　(3) エタノール
(4) 空気 　(5) 食塩水 　(6) 塩酸

ポイント 純物質は1種類の物質からできたもの。
混合物はいくつかの物質が混じり合った物質。

解き方 (2) 石油は，炭化水素を主成分として様々な物質が混じったものである。
(4) 空気は，気体の窒素や酸素などが混じったものである。
(5) 食塩水は，塩化ナトリウムが水に溶けたものである。
(6) 塩酸は，塩化水素が水に溶けたものである。

答 純物質…(1)，(3)
混合物…(2)，(4)，(5)，(6)

教科書 p.17 問 2

次の混合物から（ ）内の物質を分けるのに適した分離方法は何か。
(1) 砂の混ざった食塩水(砂) 　(2) 食塩水(水) 　(3) 茶葉(水溶性の成分)

ポイント 分離では分離するものの状態(液体・固体)と分離に使う性質に着目する。

解き方 (1) 砂の混じった食塩水から砂を分離するときは，液体と固体を分離する方法を利用する。
(2) 食塩水から水を分離するときは，水は食塩(塩化ナトリウム)よりも蒸発する温度(沸点)が低いという性質を利用する。
(3) 茶葉から水溶性の成分を分離するときは，茶葉に含まれる様々な成分の水への溶けやすさの違いを利用して分離する。

答 (1) ろ過 　(2) 蒸留 　(3) 抽出

教科書
p.19
問 3

次の純物質を，単体と化合物に分類せよ。

(1) マグネシウム　　(2) 塩化水素　　(3) 水酸化ナトリウム

(4) アンモニア　　(5) ダイヤモンド　　(6) ドライアイス

ポイント

> 単体は1種類の元素からなる純物質。
> 化合物は2種類以上の元素からなる純物質。

解き方　すべての純物質を一度元素記号を用いて表してみると分かりやすい。

(1) マグネシウムは Mg と表せる金属元素。よって単体。

(2) 塩化水素は HCl と表す。よって，水素と塩素の化合物である。

(3) 水酸化ナトリウムは NaOH と表す。よって，ナトリウム・酸素・水素の化合物である。

(4) アンモニアは NH_3 と表す。よって，窒素と水素の化合物である。

(5) ダイヤモンドは C と表し，炭素からできている。よって単体。

(6) ドライアイスは二酸化炭素の固体であり，CO_2 と表す。よって炭素と酸素の化合物である。

答　単体…(1)，(5)　　　化合物…(2)，(3)，(4)，(6)

教科書
p.19
問 4

下線をつけた語は，単体，元素のどちらの意味で用いられているか。

(1) 水を電気分解すると，<u>水素</u>と<u>酸素</u>が生じる。

(2) 牛乳には，<u>カルシウム</u>が多く含まれている。

(3) 空気には<u>窒素</u>が約80%含まれている。

ポイント

> 実際に存在している純物質自体のときは，単体。
> 物質に含まれる成分のときは，元素。

解き方　(1) 水を電気分解すると，水素と酸素がそれぞれ気体として生じる。よって，ここでの水素と酸素は実際に存在する純物質，つまり単体である。

(2) 文章では，牛乳に含まれる成分としてカルシウムを指している。牛乳の中に実際に形をもってカルシウム（金属）が存在しているわけではないから，元素の意味だとわかる。

(3) 空気という混合物には，窒素という気体が存在している。そのため，この文章では単体の意味で使われているとわかる。

答　(1) 単体　　(2) 元素　　(3) 単体

教科書 p.20
問 5

次の組み合わせのうち，互いに同素体の関係にあるものを番号で答えよ。
(1) 酸素とオゾン　(2) 水と氷　(3) 鉛と亜鉛　(4) 銀と水銀

ポイント 同素体は同じ元素からできているが，性質の異なる物質。

解き方 (1)〜(4)の内，同じ元素からできている物質の組は，(1)酸素とオゾン，(2)水と氷の2つだけである。このうち，(2)水と氷は物質の状態が異なるだけであるから，同素体の関係ではない。よって，(1)酸素とオゾンが互いに同素体の関係にある。

答(1)

教科書 p.27
問 6

次の変化を，物理変化と化学変化に分類せよ。
(1) 湿った空気中で，鉄釘がさびた。
(2) 食塩水を蒸留して，蒸留水をつくった。
(3) 水を電気分解した。
(4) 水に食塩を溶かした。

ポイント 物理変化は，物質そのものは変わらずに状態が変わる変化。
化学変化は，物質自体の種類が変わる変化。

解き方 (1) 文章では，鉄釘がさびた状態について考える。このとき，鉄は酸素と結びつく反応などにより，鉄から別の物質に変化していると考えられる。よって，化学変化である。

(2) 食塩水は，食塩(塩化ナトリウム)が水に溶けているものであり，塩化ナトリウムと水の混合物である。よって，ここから蒸留して水を取り出す操作は物質自体を変化させる反応ではないから，物理変化である。

(3) 水を電気分解すると，水 H_2O が分解されて水素 H_2 と酸素 O_2 が気体となって発生する。よって，物質の種類が変化しているから化学変化である。

(4) 水に食塩を溶かしたときにできる食塩水は，塩化ナトリウムと水の混合物である。このとき，物質の状態は変化するが，物質自体は変わっていない。よって，物理変化である。

答物理変化…(2)，(4)　　　化学変化…(1)，(3)

章末確認問題のガイド

教科書 **p.30**

❶ 次の(1)～(5)の混合物の分離について，最も適した方法を，下の①～⑥から選んで番号で答えよ。

(1) 海水から純水を取り出す。

(2) 黒インクに含まれる各色素を分離する。

(3) コーヒー豆の成分を溶かし出す。

(4) 原油からガソリンや灯油を分離する。

(5) 海水中に混じっている砂粒を取り除く。

① ろ過　　② 蒸留　　③ 分留　　④ 再結晶

⑤ 抽出　　⑥ クロマトグラフィー

ポイント 混合物の分離は，分離する物質の状態（液体・固体など）と物質の特徴に着目する。

解き方 (1) 海水から純水を取り出すとき，海水にはほかの液体成分だけでなく塩化ナトリウム NaCl などの固体も溶けている。このとき，海水に含まれる水を蒸発させ，再度冷却させて液体に戻す蒸留が適している。

(2) 黒インクに含まれる色素は，それぞれ物質への吸着力が異なる。よって，クロマトグラフィーを用いて分離するのが適している。

(3) コーヒー豆には，水に溶けやすい成分や油に溶けやすい成分など，多くの成分が含まれている。このコーヒー豆から特定の成分を溶かし出すのは，抽出が適している。

(4) 原油には，沸点の異なる液体の物質が混じり合っている。ここから，ガソリン・灯油という2種類以上の液体を分離するのは，分留が適している。

(5) 海水中に含まれる砂粒を取り除くとき，海水という液体と砂粒という固体を分離する必要がある。このように固体と液体の混合物を分離するときは，ろ過が適している。

答 (1) ②

(2) ⑥

(3) ⑤

(4) ③

(5) ①

❷ 次の下線部の語が，単体の意味で用いられているものをすべて番号で答えよ。

① 1円玉は，アルミニウムでできている。

② 骨には，カルシウムが多く含まれている。

③ 地殻中には，酸素が約48%含まれている。

④ 空気中にはアルゴンが含まれる。

ポイント 単体の意味のときは，他の物質と結合せずに存在する物質を指す。元素の意味のときは，物質の構成成分を指す。

解き方 ① 1円玉(1円硬貨)はアルミニウムのみでできている。このため，アルミニウムは単体の意味で使われている。

② 骨にはカルシウム以外にも様々な物質が含まれており，カルシウムは他の物質と結合した化合物の成分として存在している。よって，カルシウムは元素の意味で使われている。

③ 地殻中には様々な物質が存在している。この中にある酸素は，酸化鉄など他の物質と結びついた形で存在する。文章では，こうした地殻を構成する物質の成分として述べられているから，元素の意味である。

④ 空気は混合物であり，二酸化炭素や窒素など様々な物質が混じり合っている。この中で，アルゴンは気体として他の物質と結びつかないで存在しているから，単体の意味である。

答 ①，④

❸ 下図の装置を用いて，海水から純水を分離したい。次の問いに答えよ。

(1) この分離法の名称を答えよ。

(2) 右図のガラス器具 A〜C の名称を答えよ。

(3) 冷却水は a, b のどちらから流し込むとよいか。

(4) 沸騰石を入れておく理由を答えよ。

(5) 図中で適切でない部分を2つ示せ。

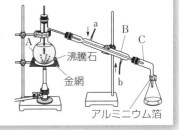

沸騰石
金網
アルミニウム箔

ポイント 蒸留を行う際に使う器具，手順を整理する。

解き方 (1) 問題文にあるように，海水から純水を分離させるためには，海水を加熱して蒸発させ，再度液体に戻す蒸留が分離法として適している。

(3)　冷却水をaから流し込むと，流し込んだ冷却水がそのままbへ出てしまう。逆に，bから流し込むと，冷却水が冷却器の内部を下から満たしていく。このため，bから流し込む方が冷却器の内部を通る気体を冷やすことができる。

(4)　加熱する液体が急激に沸騰(突沸)すると，液体が飛び散って危険である。これを防ぐために沸騰石を入れる。

(5)　図において，各器具がどのように使われているのかを確認する。

答 (1)　蒸留

(2)　A：枝付きフラスコ　　B：リービッヒ冷却器　　C：アダプター

(3)　b　　(4)　突沸(急激な沸騰)を防ぐため。

(5)　・フラスコに入れる液体の量が半分以上である。
　　　・温度計の下端部がフラスコの枝(のつけ根)の位置にない。

❹ 互いに同素体の関係にある組み合わせを，次のうちから，すべて番号で選べ。
① ダイヤモンドとフラーレン
② 一酸化炭素と二酸化炭素
③ 赤リンと黄リン
④ 鉛と亜鉛
⑤ 水と過酸化水素
⑥ 酸素とオゾン

ポイント 同素体は，元素の種類が同じだが化学的性質の異なる単体を指す。
同素体が存在する元素は，SCOP で覚える。

解き方 ① ダイヤモンドとフラーレンはともに炭素 C の単体であり，互いに同素体である。
② 一酸化炭素 CO と二酸化炭素 CO_2 はともに単体でないのに加え，元素の組み合わせが異なる。よって，同素体の関係にない。
③ 赤リンと黄リンはともにリン P の単体で，互いに同素体の関係にある。
④ 鉄 Fe と亜鉛 Zn は，ともに単体ではあるが，元素の種類が異なるため，同素体の関係にない。
⑤ 水 H_2O と過酸化水素 H_2O_2 は，ともに単体でないのに加え，元素の組み合わせが異なる。よって，同素体の関係にない。

⑥　酸素 O_2 とオゾン O_3 はともに酸素 O の単体であり，互いに同素体の関係にある。

答 ①，③，⑥

❺ 次の各問いに答えよ。

(1) (ア)〜(カ)の各状態変化の名称を答えよ。

(2) 次の現象は，図のどの変化に関連するか。(ア)〜(カ)の記号で答えよ。

(a) 真冬に湖の水が凍った。

(b) 暖かい日に洗濯物がよく乾いた。

(c) 冷水を入れたコップの表面に水滴がついた。

(d) タンスに入れておいた防虫剤がなくなった。

(e) 真夏に氷を放置すると融けた。

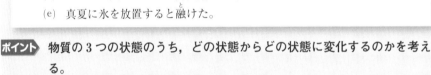

ポイント　物質の3つの状態のうち，どの状態からどの状態に変化するのかを考える。

解き方　(1)　物質の状態変化の名称を押さえる。

(2)　現象において，物質が三態のどの状態からどの状態に変化したのかを考える。

(a)　湖の水が凍った現象は，液体の水が固体の氷に変化した現象である。よって，この現象は凝固と関連する。

(b)　洗濯物が乾いた現象は，洗濯物に含まれていた液体の水が気体の水蒸気に変化する現象である。よって，この現象は蒸発と関連する。

(c)　冷水を入れたコップの表面に水滴がついた現象では，空気中の水蒸気がコップの表面に液体の水として現れている。よって，この現象は凝縮と関連する。

(d)　防虫剤が時間が経つとなくなる現象では，固体の防虫剤が直接気体に変化している。よって，この現象は昇華と関連する。

(e)　氷が融ける現象は，固体の氷から液体の水に状態変化する現象である。よって，この現象は融解と関連する。

答 (1) (ア)　融解　　(イ)　凝固　　(ウ)　蒸発

　　　(エ)　凝縮　　(オ)　昇華　　(カ)　凝華

(2) (a) (イ)　　(b) (ウ)　　(c) (エ)

　　(d) (オ)　　(e) (ア)

❻ 次の文章中の(　)に当てはまる語を答えよ。

　物質の構成粒子は，絶えず不規則な運動をしている。この運動を(　①　)という。固体，液体，気体のいずれかの状態のうち，(　①　)が最も厳しいのは(　②　)の状態である。物質が(　①　)によって自然に広がっていく現象を(　③　)という。

ポイント　物質の三態と粒子の運動を理解する。

解き方　物質の三態と粒子の運動の関係を考える。物質の熱運動は，物質の温度が上がるほど激しくなる。これによって，物質をつくる粒子どうしが引き合う力を緩めると液体に，引き合う力を完全に振り切るほど熱運動が激しくなると気体に変化する。

答　①　熱運動　　②　気体　　③　拡散

❼ 次の図は，1.013×10^5 Pa のもとで，氷に毎分一定の熱量を加えたときの時間と温度の関係を示したものである。下の各問いに答えよ。

(1) ab，bc，cd，de での物質の状態は，それぞれどのような状態か。番号で答えよ。

　①固体のみ　　②液体のみ

　③気体のみ　　④固体と液体

　⑤液体と気体

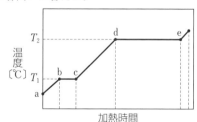

(2) T_1，T_2 の温度の名称を答えよ。

(3) bc 間で起こる状態変化の名称を答えよ。

ポイント　状態変化をしている途中は温度が一定に保たれる。

解き方 (1) 固体の状態である氷は，熱を加えていくごとに固体から液体，液体から気体へと変化する。固体から液体の状態へ変化している途中や，液体から気体の状態へ変化している途中では，温度は状態変化が終了するまで一定に保たれる。このことから，ab は固体の状態，bc では固体と液体，cd では液体，de は液体と気体の状態である。

(2) T_1 は固体から液体に変化する最中の温度だから，融点である。T_2 は液体から気体に変化する最中の温度だから，沸点である。

(3) bc では，水は固体から液体に変化している。よって，この状態変化は融解である。

答 (1) ab：① bc：④ cd：② de：⑤

(2) T_1：融点 T_2：沸点

(3)融解

---

❽ 次の各実験の結果を簡潔に説明し，その結果によって確認される元素名を答えよ。

(1) 食塩水に硝酸銀水溶液を加えた。

(2) 食塩水を白金線の先につけて炎色反応を調べた。

(3) 木材を燃焼して得られた気体を石灰水に通した。

ポイント 各元素の検出法を押さえる。
炎色反応による炎の色の変化を理解する。

解き方 (1) 食塩水に硝酸銀 $AgNO_3$ 水溶液を加えると，塩化銀 $AgCl$ が白色沈殿として現れる。この白色沈殿ができる反応によって，塩素 Cl が確認できる。

(2) 食塩水を白金線の先につけて炎の中に入れると，炎の色が黄色になる。この変化によって，ナトリウム Na が確認できる。

(3) 木材を燃焼して得られた気体は二酸化炭素 CO_2 であり，これを石灰水に通すと白色沈殿が生じる(白く濁る)。これによって，炭素 C が確認できる。

答 (実験の結果，確認できる元素名)

(1) 白色沈殿を生じる，塩素

(2) 炎の色が黄色になる，ナトリウム

(3) 白色沈殿を生じる(白く濁る でも可)，炭素

探究のガイド

| 教科書 p.31 | 探究 PLUS | しょう油はどのような物質からできているのだろうか | 関連：教科書 p.14 |

┃操作の留意点┃

1. 操作❶で乾いた試験管を蒸発皿の上にかざすときは，やけどに注意する。
2. 操作❸でろ過を行う際は，ろうとの先端がビーカーの内壁につくように取り付ける。また，ろ過する液体はガラス棒を伝って注ぐようにする。

┃考察のガイド┃

考察　❶操作❶で，乾いた試験管にはどのような変化が見られたか。この結果から，しょう油には，どのような物質が含まれていると考えられるか。

❷操作❷や操作❸では，操作❶で残った固形物を分離できるのだろうか。どのような物質が水に溶け，どのような物質が水に溶けないと考えられるのだろうか。

❸操作❹で得られた物質は何か。また，その物質にはどのような特徴があるのだろうか。

❹どのような分離方法で，どのような物質を分離することができたか整理しておこう。

❶　（例）試験管の内部がくもった。このため，水が含まれていると考えられる。

❷　（例）操作❷や操作❸で固形物を分離できる。水に溶けるのは塩化ナトリウムであり，溶けないのは操作❶で燃焼した物質である。

❸　（例）塩化ナトリウム。水に溶けやすく，燃えにくい性質をもつ。

❹　（例）第一に，しょう油を加熱することで，水と固形物を分離できる。第二に，残った固形物に水を加えてろ過することで，水に溶けない固形物と塩化ナトリウム水溶液を分離できる。最後に，塩化ナトリウム水溶液を加熱することで，水と塩化ナトリウムを分離できる。

┃さらに考察のガイド┃

さらに考察　❶しょう油から分離した物質が，水分や塩分であることを確かめるためには，どのような方法があるのだろうか。

❷水分や塩分などは，どのような成分元素からできているのだろうか。成分元素を確かめるためには，どのような方法があるのだろうか。

❶　（例）蒸留して得られた液体を塩化コバルト紙に触れさせ，青色から赤色に変化すれば水だと確かめられる。塩化ナトリウムは，炎色反応・水溶液に硝酸銀水溶液を入れたときの変化の2つで確かめることができる。

❷ （例）水は水素と酸素からできており，硫酸銅(Ⅱ)無水物に触れさせたときの反応で水素を検出できる。塩化ナトリウムは塩素とナトリウムからなり，塩素は塩化ナトリウム水溶液に硝酸銀水溶液を加えたときの変化を見ることによって，ナトリウムは炎色反応によって検出できる。

| 教科書 p.32 | 探究 PLUS | チョークに含まれる元素を調べる | 関連：教科書 p.22 |

考察のガイド

考察 ❶チョークは水に対してどのような性質をもっているのだろうか。
❷希塩酸との反応から，チョークに含まれていた元素を判断しよう。
❸炎色反応から，チョークに含まれていた元素を判断しよう。
❹同じ実験を重曹(炭酸水素ナトリウム)で行った場合は，どのような現象が観察できると考えられるか。

❶ 水に溶けにくい性質。

❷ 希塩酸との反応で発生した気体を石灰水に吹きかけると石灰水が白濁した。したがって，気体は二酸化炭素 CO_2 であり，このことから，チョークには炭素 C が含まれていることが分かる。

❸ 希塩酸との反応後の溶液を白金線につけて炎色反応を観察したところ，炎が橙赤色に変化した。このことから，チョークにはカルシウム Ca が含まれていると判断できる。

❹ 操作❶について：重曹は水には溶けにくく，水溶液は弱いアルカリ性(弱塩基性)を示す。
操作❷について：希塩酸に加えると気体が発生し，これを石灰水に吹きかけると白濁すると考えられる。
操作❸について：重曹の主成分が炭酸水素ナトリウムであり，ナトリウム Na が含まれていることから，炎色反応では炎が黄色に変化すると考えられる。

なお，重曹(炭酸水素ナトリウム)に希塩酸を加えると，二酸化炭素が発生する。このときの化学反応式は次のようである。

$$NaHCO_3 + HCl \longrightarrow NaCl + H_2O + CO_2$$

このとき，発生する気体は二酸化炭素であり，石灰水に通すと石灰水が白濁する。

$$Ca(OH)_2 + CO_2 \longrightarrow CaCO_3 + H_2O$$

このとき生成する白濁(白色沈殿)である炭酸カルシウム $CaCO_3$ が，貝殻や卵殻，

探究で調べたチョークなどの主成分である。

　ただし，炭酸カルシウムを主成分とするチョークのほかに，硫酸カルシウム $CaSO_4$ からつくられたチョークもある。硫酸カルシウムは希塩酸とは反応しない（濃塩酸とは反応して硫酸水素塩を生じる）。

| 教科書 p.33 | 探究 PLUS | 水溶液中に含まれる元素を調べる | 関連：教科書 p.22 |

操作の留意点

1. 操作❷では，試料水溶液を使って炎色反応を確認する前に，白金線の先端を濃塩酸につける。これには，実験の前から白金線についていた物質を洗い流す意図がある。これにより，白金線にもともとついていた物質の影響で炎色反応が起こるということを防ぐことができる。
2. 濃塩酸の扱いには十分に注意する。もし身体に付着した場合は，すぐに大量の水で洗い流すようにする。

　考察　❶操作❶で変化が見られた場合，どのような現象が観察されたか。また，その水溶液中に存在していた元素は何だろうか。

　　　　　❷操作❷では，どのような現象が観察されたか。その水溶液中に存在していた元素は何だろうか。

　　　　　❸水溶液 A～D は，それぞれどのようなイオンが存在していたと考えられるだろうか。

考察の例

（A：塩化ナトリウム $NaCl$，B：硫酸ナトリウム Na_2SO_4，C：塩化アンモニウム NH_4Cl，D：硫酸アンモニウム $(NH_4)_2SO_4$ とする）

❶　水溶液A（塩化ナトリウム）と水溶液C（塩化アンモニウム）の場合に白色沈殿が生じる。このことから，塩素 Cl の存在が確認できる。水溶液B（硫酸ナトリウム）と水溶液D（硫酸アンモニウム）では，沈殿は観察されなかった。
　塩素を含む物質を硝酸銀 $AgNO_3$ 水溶液に加えると，水に溶けにくい塩化銀 $AgCl$ が白色沈殿となって生成する。

❷　水溶液Aと水溶液Bの場合に，炎が黄色に変化する。このことから，ナトリウム Na の存在が確認できる。なお，水溶液Cと水溶液Dでは炎色反応は見られなかった。

❸　水溶液Aには塩化物イオン Cl^- とナトリウムイオン Na^+ が存在し，水溶液Bにはナトリウムイオン Na^+ が存在する。水溶液Cには塩化物イオン Cl^- が存在するが，水溶液Dに存在するイオンはこれらの操作では確認できない。

教科書の整理
1章

2編 物質の構成

1章 原子の構造と元素の周期表

教科書の整理

1節 原子の構造

教科書 p.36～39

A 原子

①**原子** 物質を構成する最小の粒子。全体として電気的に中性であり，大きさや質量は原子の種類によって異なる。

②**原子核** 原子の中心にある部分で，正の電荷をもつ陽子(電子と数が等しい)と電荷をもたない中性子からなる。このため，原子核は正の電荷をもつ。

③**電子** 原子核の周りに存在する粒子で，負の電荷をもつ。原子全体では電子の数と陽子の数は等しく，また電子1つと陽子1つの電荷の絶対値(大きさ)は等しい。ここで互いの電気を打ち消し合っている。

> **ここに注意**
> 「原子」は物質を構成する粒子を示す。一方，「元素」は物質を構成する成分を表す。

> **ここに注意**
> 水素原子など，原子核に中性子をもたないものもある。

■ **重要公式**

原子中では，

陽子の数＝電子の数

原子の構成粒子

構成粒子		電荷の比	質量〔g〕	質量の比
陽子	⊕	+1	$1.673×10^{-24}$	1
中性子	◯	0	$1.675×10^{-24}$	1
電子	⊖	−1	$9.109×10^{-28}$	約$\frac{1}{1840}$

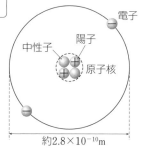

約$2.8×10^{-10}$m

ヘリウム原子の構造

④**原子番号** 原子核にある陽子の数は，原子の種類によって異なる。原子の種類(元素)ごとに決まっている原子核中の陽子の数を，その原子の原子番号という。

> **重要語句**
> 原子 原子核
> 陽子 中性子
> 電子

⑤**質量数**　原子では，質量の大部分は陽子と中性子が占めているため，陽子と中性子の数の和を質量数という。

■ **重要公式**

原子番号＝陽子の数

質量数＝陽子の数＋中性子の数

⑥**原子番号や質量数の表し方**　原子番号は元素記号（アルファベット）の左下に，質量数は左上に書く。

陽子の数＋中性子の数＝　**質 量 数**

陽子の数＝　**原子番号**

^4_2He　**元素記号**

原子番号と質量数の表記法

> **⚠ここに注意**
> 原子全体の質量≒原子核の質量

> **⚠ここに注意**
> 電子の質量は陽子の質量の約$\frac{1}{1840}$

教科書 p.37　📎コラム　実験結果から原子の構造を考えてみよう

①**トムソンの実験**　トムソンは，電極を入れた真空状態のガラス管に高い電圧をかけると，陰極から光線（陰極線）が出てくることを発見した。この陰極線は上下の電極から別の電圧をかけると，陽極（右図の上の電極）の方に曲がる。

②**ラザフォードの実験**　ラザフォードは，放射線のα線を用いて原子核の存在を発見した。原子核に衝突したα線は，直進できずに進路を変える。彼は，原子に向かって当てたα線がある割合で進路を変えていることから，正の電荷をもつ原子核の存在とその直径の大きさを推測した。

B　同位体

①**同位体（アイソトープ）**　原子番号（陽子の数）が同じで，質量数が異なる原子。各元素の同位体の存在比は地球上でほぼ一定であり，同位体間で化学的性質はほとんど同じである。

> **重要語句**
> 同位体（アイソトープ）

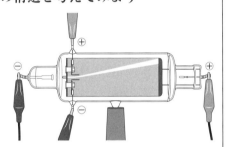

同位体	^1_1H	^2_1H	^3_1H
陽子の数	1	1	1
中性子の数	0	1	2
質量数	1	2	3

電子／中性子／陽子

水素原子の同位体

教科書の整理 1章

陽子の数が同じで質量数が異なるということは，中性子の数が異なるということである。

テストに出る
同素体と同位体の違い
・同位体：原子番号・化学的性質が同じで，質量数が異なる。
・同素体：同じ元素からなる単体で，化学的性質が異なる。

②**放射性同位体**(ラジオアイソトープ)　同位体のうち，放射線を放出して別の原子に変化するもの。遺跡の年代測定・医療などに利用されているが，放射線は生体などに損傷を与える場合もあるので，取扱いには注意が必要である。

③**半減期**　放射性同位体が放射線を放出して別の原子に変化し，もとの半分の量に減少するまでの時間。同位体の種類によってその長さが決まっている。これを使って，生物の化石などから生物が生存していた年代を推定することに利用できる。

重要語句
放射性同位体
(ラジオアイソトープ)
半減期

教科書 p.39 コラム　^{14}C による年代測定

　生きている生物の体内には，大気中と同じ割合で ^{14}C が含まれている。これは，植物が光合成によって，動物は植物を食物として摂取することによって ^{14}C を取り込むためである。しかし，死ぬとこの割合は減少し，^{14}C の半減期である 5730 年ごとに体内の ^{14}C は $\frac{1}{2}$ になる。この性質を用いて生物の遺体が死後どのぐらい経過したかを測定するのが，炭素年代測定法である。例えば，生物の遺体の ^{14}C の割合が大気中の $\frac{1}{16}\left(=\left(\frac{1}{2}\right)^4\right)$ であれば，5730×4 より，死後から 22902 年程度経過していると推測できる。

教科書 p.39 コラム　放射線の性質

　放射線を出す性質を放射能といい，放射線には，以下のような種類がある。
・α線　ヘリウム ^4_2He の原子核の流れであり，放射性同位体の原子核がこの α線を放射すると，原子番号が 2，質量数が 4 減少する。
・β線　電子 e^- の流れであり，放射性同位体の原子核がこれを放射すると，原子核中の中性子が 1 つ陽子に変化するため，原子番号が 1 増加する。
・γ線　高エネルギーの電磁波の流れであり，放射性同位体の原子核がこれを放射しても原子番号も質量数も変化しない。電磁波は波の性質をもっている。

❷節 電子配置と周期表

教科書 p.40〜45

A 原子の電子配置

重要語句
電子殻
電子配置
貴ガス
閉殻
最外殻電子
価電子

①**電子殻**　原子核の周囲にある，電子を収容するいくつかの層。内側からK殻，L殻，M殻，N殻…と呼ばれ，内側から n 番目の電子殻には最大 $2n^2$ 個の電子が入る。

②**電子配置**　電子殻に電子が収まるときの電子の配分のされ方。一般に，電子は内側の電子殻から順に入っていく。

例 $_6$C には，K殻に 2 個，L殻に 4 個の電子が入っている。

③**貴ガス(希ガス)**　ヘリウム He，ネオン Ne，アルゴン Ar など，周期表で最も右の列にある原子。貴ガスは一番外の電子殻(最外殻)に最大の電子が入った状態，または 8 個の電子が入った状態であるため，非常に安定している。このため，ほかの原子と結びつきにくい。

④**閉殻**　収容できる最大の数の電子が入った電子殻。また，このときの電子配置を閉殻構造という。

⑤**最外殻電子**　最も外の電子殻(最外殻)にある電子。

⑥**価電子**　最外殻電子のうち，原子がイオンになるときや他の原子と結びつくときに，重要な役割を果たす電子。一般に，価電子の数はその原子の性質に大きな影響を与える。このため，価電子の数が等しい原子どうしは，よく似た化学的な性質を示す。

⚠**ここに注意**
貴ガス原子の価電子の数は 0 個である。

教科書 **p.41**　**発展**　輝線スペクトル

電子殻内の電子が，エネルギーレベルの高い層から低い層に移動するときに発する光。例えば，水素分子を封入した放電管に高電圧をかけると，放電管から淡い赤紫色の光が現れる。この赤紫色の光をプリズムに通して分散させると，数本の輝く光の線が観測される。これが輝線スペクトルである。

B 元素の周期表

重要語句
周期律
周期表
族
周期

①**周期律**　元素を原子番号の順番に並べていくと，価電子の数が周期的に変化する。これに従って現れる，元素の性質の周期的な規則性のことを周期律という。

例 イオン化エネルギー，単体の融点などは周期性がみられる。

教科書の整理　1章

②**周期表**　元素を原子番号の順に並べ，性質の類似した元素が縦の列に並ぶように配列した表。

・**族**　周期表の縦の列のこと。

・**周期**　周期表の横の行のこと。

③**同族元素**　同じ族に属する元素。

④**特に性質の似た同族元素**

・**アルカリ金属**　水素Hを除く1族元素。1価の陽イオンになりやすい。空気中の水と反応しやすいため，石油の中に入れて保存する。

・**アルカリ土類金属**　2族元素。2価の陽イオンになりやすい。

・**ハロゲン**　17族元素。1価の陰イオンになりやすい。単体はすべて有色。

・**貴ガス（希ガス）**　18族の元素。常温では気体の状態である。他の元素と反応しにくく安定しているため，価電子の数は0個と考える。

⑤**典型元素**　原子番号が増えるに従って最外殻電子の数が増えていく元素。

⑥**遷移元素**　3〜12族の元素で，最外殻電子の数が1〜2個で遷移する（状態が移り変わる）。

> **もっと詳しく**
>
> 　典型元素は，原子番号が1増加すると，原子の価電子の数も1増加する。そのため，同族元素の価電子の数は同じで，互いによく似た性質を示す。
> 　遷移元素は，原子番号が増加すると，内側の電子殻の電子の数が増加する。そのため，最外殻電子の数は1または2で大きく変化せず，周期表でとなり合う元素でもよく似た性質を示す。

⑦**金属元素**　単体が金属の性質を示す元素。

⑧**非金属元素**　金属元素以外の元素。

⑨**陽性**　原子が陽イオンになりやすい性質。周期表の左下にある元素ほど陽性が強い。

⑩**陰性**　原子が陰イオンになりやすい性質。周期表の右上にある元素ほど陰性が強い。

⚠ここに注意
族は縦の列
周期は横の行

重要語句
アルカリ金属
アルカリ土類
金属
ハロゲン
貴ガス
典型元素
遷移元素

もっと詳しく
典型元素には金属元素も非金属元素も含まれるが，遷移元素はすべて金属元素である。

重要語句
陽性
陰性

教科書の整理　1章

元素の周期表と元素の分類

☆はランタノイド元素，★はアクチノイド元素

教科書 p.45 コラム　**メンデレーエフと周期表**

　周期律の発見は，「三つ組元素」という性質の類似した元素の発見がきっかけの1つとなっている。これは，同族元素が似た性質をもつ，という現在の考え方のもとである。これをもとに，元素を原子量（原子の質量）の順に並べ替え，さらに縦の列にくる元素が似た化学的性質をもつように並べ替えた。ロシアのメンデレーエフはこのようにして当時知られていた63種の元素の周期表を作成し，今後発見されるであろう未知の元素の存在と性質の予測も行った。例えば，その16年後に発見されたゲルマニウム Ge では予測が的中し，彼の名声と周期表の地位を不動のものとした。

気づきラボ・実験のガイド 1章

気づきラボ・実験のガイド

教科書 p.44 気づきラボ **5. アルカリ金属の性質を調べよう**

┃操作の留意点┃

1．ナトリウムなどのアルカリ金属は，皮膚の表面の水分とも反応するため，取り扱いに注意して，決して素手で触らないようにする。

2．実験でできた水溶液は強いアルカリ性(塩基性)を示すため，水溶液の取り扱いには注意する。また，飛沫が目に入らないように保護眼鏡をかける。

3．アルカリ金属は水と激しく反応するため，ピンセットやカッターナイフについては必ず乾いた器具を用いて実験を行う。

┃考察のガイド┃

1．発生した気体に点火するとポンと音を立てて燃える。したがって，気体は水素である。ナトリウムと水との反応は，次の化学反応式で表される。

$$2Na + 2H_2O \longrightarrow 2NaOH + H_2$$

2．水溶液にフェノールフタレイン溶液を加えると，フェノールフタレイン溶液が赤色に変化したことから，アルカリ性(塩基性)であることがわかる。これは，ナトリウムと水との反応で，水酸化ナトリウムができたからである。

教科書 p.45 気づきラボ **6. 原子番号と元素の性質に規則性などがあるか考えよう**

┃考察のガイド┃

(1) リチウム・ナトリウム・カリウム…価電子の数は1で1族のアルカリ金属

エレメントカード裏面に載っている密度をもとに分類する。水素・ヘリウム・窒素・酸素・フッ素・ネオン・塩素・アルゴンは金属ではない。

(2) ヘリウム・ネオン・アルゴン…18族の貴ガス(希ガス)

エレメントカード表面に載っている電子配置の図から判断する。価電子が0の物質とは，貴ガスである。

(3) フッ素・塩素…価電子の数は7で17族のハロゲン

エレメントカード裏面に載っている常温での単体の状態と単体の色を基に分類する。フッ素・塩素以外のカードの気体は無色である。

なお，融点や特徴として示された反応のようすなどによる分類も考えられる。

問いのガイド

教科書 **p.37**
問 1

次の原子に含まれる陽子の数，電子の数，中性子の数をそれぞれ求めよ。
(1) $^{23}_{11}Na$　　　(2) $^{40}_{18}Ar$

ポイント

通常時では，原子番号＝陽子の数＝電子の数
質量数＝陽子の数＋中性子の数

解き方 (1) 陽子の数，電子の数は，元素記号の左下にある原子番号と一致する。よって，陽子・電子の数はともに11個。質量数＝中性子の数＋陽子の数だから，中性子の数＝質量数－陽子の数。よって，23－11＝12 より，中性子の数は12個。

(2) 左下の原子番号が18だから，陽子・電子の数は18個。中性子の数＝質量数－陽子の数だから，40－18＝22 より，中性子の数は22個。

答 陽子の数，電子の数，中性子の数の順に，
(1) 11，11，12
(2) 18，18，22

教科書 **p.38**
問 2

次の原子のなかで，互いに同位体であるものを番号で選べ。
(1) ^{12}C　　(2) ^{14}N　　(3) ^{13}C　　(4) ^{40}Ar　　(5) ^{40}Ca　　(6) ^{14}C

ポイント

同位体は，原子番号が同じで質量数が異なる元素。

解き方 ポイントにもある通り，原子番号が同じで質量数が異なる元素を同位体という。このとき，原子番号が同じということは，元素記号も同じということである。よって，元素記号が同じで，左上の数字(質量数)が異なるものを選ぶ。

答 (1)，(3)，(6)

章末確認問題のガイド　1章

章末確認問題のガイド

教科書 p.47

❶ 次の文章中の（　）に当てはまる語や数を答えよ。

　原子は，その中心に正の電荷をもつ（①）と，それを取り巻く負の電荷をもつ（②）からなる。さらに（①）は，正の電荷をもつ（③）と，電荷をもたない（④）からなる。（③）の数は原子の種類を決めるので，この数をその原子の（⑤）という。また，原子核中の（③）の数と（④）の数の和を，その原子の（⑥）という。

　原子核の周囲に存在している電子は，いくつかの層をなして存在している。これらの層は（⑦）と呼ばれ，内側から順に（⑧）殻，（⑨）殻，（⑩）殻，…と呼ばれる。（⑦）に入る電子の最大数は，内側から順に，（⑪）個，（⑫）個，（⑬）個，…である。

ポイント 原子は中心にある原子核とその周囲にある電子からなる。

解き方 ①～④　原子は以下のような構造でできている。原子核は，正の電荷をもつ陽子と電荷をもたない中性子からなるため，原子核全体で正の電荷をもつ。

⑤　陽子の数によって原子の性質が定まり，原子の種類が決まる。この数を原子番号という。つまり，同じ原子番号をもつ原子のグループが元素である。

⑥　中性子と陽子の質量はほとんど同じである一方，電子 1 個の質量は中性子 1 個や陽子 1 個の質量の約 $\frac{1}{1840}$ に過ぎない。このため，中性子と陽子が原子全体の質量を決めているといえる。

⑪～⑬　内側から n 番目の電子殻には，最大で $2n^2$ 個の電子が入る。

答　①　原子核　　②　電子　　③　陽子
　　④　中性子　　⑤　原子番号　　⑥　質量数
　　⑦　電子殻　　⑧　K　　⑨　L
　　⑩　M　　⑪　2　　⑫　8　　⑬　18

❷ ^{14}C 原子について，①～④の数をそれぞれ答えよ。

①原子番号　　②電子の数

③中性子の数　　④質量数

ポイント 原子においては，

原子番号＝陽子の数＝電子の数

質量数＝陽子の数＋中性子の数

解き方 ①　炭素の原子番号は 6 である。

②　原子において，原子番号＝陽子の数＝電子の数だから，電子の数は 6 個である。

③　質量数＝陽子の数＋中性子の数より，中性子の数＝質量数－陽子の数である。よって，14－6＝8 より，中性子の数は 8 個。

④　元素記号の左上に書かれた数が質量数である。

答 ①　6　　②　6

③　8　　④　14

❸ 水分子 1 個に含まれる陽子の数 a，電子の数 b，および中性子の数 c の大小関係を表せ。ただし，この水分子は ^1H と ^{16}O からなるものとする。

ポイント 原子の状態では，陽子の数＝電子の数

質量数＝陽子の数＋中性子の数

解き方 まず，水分子 H_2O に含まれる水素 ^1H と ^{16}O について陽子，電子，中性子の数を考える。

水素原子 ^1H について考えると，陽子が 1 個，電子が 1 個，中性子が 0 個存在する。

また，酸素原子 ^{16}O について考えると，陽子が 8 個，電子が 8 個，中性子が 8 個存在する。

以上のことから，水分子全体の陽子の数 a は，1×2＋8＝10 より 10，電子の数 b は 1×2＋8＝10 より 10，中性子の数 c は 0×2＋8＝8 より 8 である。

答 a＝b＞c

❹ 次の文章中の（　）に当てはまる語を答えよ。

　元素を（①）の順に並べると，性質の似た元素が周期的に現れる。これを元素の（②）という。ロシアの（③）は，性質の似た元素を同じ縦の列に配列した最初の周期表をつくった。

　周期表の縦の列を（④）という。同じ（④）に属する元素を（⑤）といい，（⑥）の数が同じなので，化学的性質がよく似ている。一方，周期表の横の行を（⑦）という。

ポイント　原子を原子番号の順に並べると，周期的に似た性質が現れる。
　　　　　　周期表で同じ縦の列にある元素どうしは似た性質をもつ。

解き方　①〜③　メンデレーエフは，周期律によって性質の似た元素どうしが縦の
　　　　　　列に並ぶように元素を並べ，最初の周期表をつくった。

　　　　　④〜⑥　同じ縦の列に並ぶ元素どうしを同族元素といい，同族元素では価
　　　　　　電子の数が等しい。このため，化学的な性質が似ている。

　　　　　⑦　横の行は，縦の列がくり返されることから周期という。周期は上から
　　　　　　順に第1周期，第2周期，第3周期，…第7周期となる。

答　①　原子番号　　②　周期律　　③メンデレーエフ
　　　④　族　　⑤　同族元素　　⑥　価電子　　⑦　周期

❺ 次の同位体に関する記述について，正しいものには○，誤っているものには
　×で答えよ。
（1）原子の質量が等しい。
（2）陽子の数は等しいが，電子の数は異なる。
（3）原子核中に含まれる中性子の数のみが異なる。
（4）放射線を放出するものは，医療，トレーサーなどにも利用されている。

ポイント　同位体は，原子番号が同じだが質量数が異なる原子を指す。
　　　　　　放射性同位体は放射線を放出し，様々な技術に利用されている。

解き方　（1）誤っている。同位体は，原子番号が同じだが質量数が異なる原子のこ
　　　　　　とである。つまり，原子の質量を大まかに決める質量数が異なっている
　　　　　　のだから，質量は異なる。

(2)　誤っている。同位体の関係にある原子は原子番号が同じだから，陽子
の数は同じである。また，原子全体を電気的に中性にするだけの電子が
原子中に含まれているから，電子の数も陽子の数に等しい数だけ存在し
ている。したがって，陽子の数が等しければ，電子の数も等しい。

(3)　正しい。同位体の関係にある原子では，陽子の数は同じだが，陽子の
数と中性子の数の和(質量数)が異なる。このため，同位体の関係にある
原子どうしでは中性子の数が異なる。

(4)　正しい。放射線は，医療におけるX線を用いた診断に用いられている。
また，トレーサーでは，放射線によって物質に印をつけ，その動きや分
布を調べる。

答 (1)　×　　(2)　×
　　(3)　○　　(4)　○

---

❻次の同位体に関する記述①〜④について，正しいものには○，誤っているも
のには×で答えよ。
①　同じ元素の同位体どうしは，化学的性質が異なっている。
②　地球上のすべての元素には同位体が存在する。
③　同位体のなかには，放射線を放出して別の原子に変わるものがある。
④　放射性同位体を利用して，遺跡の年代測定をすることができる。

ポイント 同位体と放射性同位体の特徴を理解する。

解き方 ①　誤っている。同じ元素の同位体どうしでは，化学的性質はほとんど同
じであり，よく似ている。

②　誤っている。地球上の元素には，安定して存在できる同位体が1種類
しかない元素も存在している。

③　正しい。放射線を放出して別の原子に変わる同位体を放射性同位体
(ラジオアイソトープ)という。

④　正しい。放射性同位体の半減期が元素ごとに決まっているという性質
を利用して，年代測定を行うことができる。

答 ①　×　　②　×
　　③　○　　④　○

章末確認問題のガイド 1章

❼ 次の図は元素の第6周期まで
の周期表の概略図である。(1)～
(5)に当てはまる領域を,図の
A～Hからすべて答えよ。

(1) アルカリ金属
(2) 貴ガス(希ガス)
(3) ハロゲン (4) 遷移元素
(5) 非金属元素

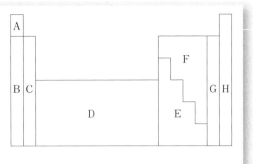

ポイント 典型元素は,1,2,13～18族の元素,遷移元素は,3～12族の元素
金属元素は,水素を除く1,2族元素と遷移元素すべてと13～16族の周
期表で左下側の元素
非金属元素は,水素と13～16族の周期表で右上側,17,18族の元素

答 (1) B (2) H (3) G (4) D (5) A, F, G, H

❽ 次の(ア)～(オ)の原子について,下の各問いに答えよ。ただし,(2)～(4)は(ア)～(オ)
の記号で答えよ。

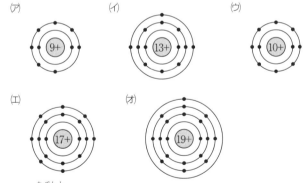

(1) 各原子の価電子の数を答えよ。
(2) 第2周期に属する原子はどれか。
(3) 電子配置が極めて安定である原子はどれか。
(4) 同族元素に属する原子はどれか。

ポイント 電子殻の数は,属する周期の数と対応する。
典型元素では,価電子の数が同じ元素どうしは同族元素である。

解き方 (1) 原則は，最外殻電子の数が価電子の数である。ただし，最外殻に電子が最大まで入っている貴ガス元素では，価電子の数は 0 個である。

(2) 電子殻の数は属する周期の数と対応する。つまり，電子殻の数が 2 つの原子は第 2 周期に属する。

(3) 電子配置が極めて安定している状態とは，最外殻に最大まで電子が入っている状態である。

(4) 典型元素では，価電子の数が同じ元素は同族元素に属する。(1)から価電子の数が同じ原子の組を解答する。

　以上のことから，各原子は，㋐フッ素 F，㋑アルミニウム Al，㋒ネオン Ne，㋓塩素 Cl，㋔カリウム K，である。

答 (1) ㋐ 7　　㋑ 3　　㋒ 0　　㋓ 7　　㋔ 1

(2) ㋐，㋒　　(3) ㋒　　(4) ㋐と㋓

👀もっと詳しく

　12 族元素は，教科書 p.46 の周期表の下に示されているように，遷移元素に含めないこともある。すなわち典型元素に含めるということである。周期表の第 3 周期の元素は，1，2 族と 13〜18 族の 8 種類であるが，第 4 周期の元素は，1〜18 族の 18 種類がある。第 3 周期の 18 族元素であるアルゴン Ar の最外殻電子は M 殻の 8 個であり，これに続くカリウム K では，N 殻に電子が 1 個入り，これが最外殻電子となる。このため，カリウムからは第 4 周期になる。次のカルシウム Ca では，N 殻に電子が 2 個入る。しかし，M 殻は 8 個の電子で閉殻となったわけではない。さらに次のスカンジウム Sc では，N 殻の電子は 2 個のままで，M 殻の電子が 9 個になり，その次のチタン Ti では，M 殻の電子が 10 個になる。遷移元素はこのようになり，最外殻電子は 2 個または 1 個のまま，内側の電子殻に電子が入る。このため，遷移元素ではとなり合う異なる族の元素でもよく似た性質を示すことが多い。このようにして第 4 周期の 11 元素である銅 Cu は，M 殻が 18 個の電子で閉殻になり，N 殻の電子は 1 個，12 族の亜鉛 Zn では N 殻の電子が 2 個，13 族のガリウムでは N 殻の電子が 3 個と増加してゆく。よって，12 族元素は価電子の数によって同じ属の原子どうし似た性質を示す典型元素のようすと重なるともいえる。

教科書の整理 2章

2章 化学結合

教科書の整理

❶節 イオンとイオン結合

教科書 p.48〜55

A イオンの生成

①**イオン** 電子を受け取ったり失ったりして，電荷を帯びた粒子。原子がイオンになったとき，その電子配置は周期表で最も近い貴ガスと同じ電子配置をとる傾向がある。

②**陽イオン** 電子を失ったことで，正の電荷をもった粒子。陽イオンは，元素名の後に「イオン」をつけて呼ぶ。

> **重要語句**
> イオン
> 陽イオン
> 陰イオン

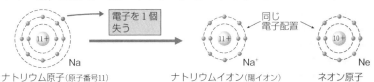

電子を1個失う / 同じ電子配置

ナトリウム原子(原子番号11)　ナトリウムイオン(陽イオン)　ネオン原子
ナトリウムイオンの生成

③**陰イオン** 電子を受け取ることで，負の電荷をもった粒子。1種類の物質でできている陰イオンのときは，元素名の語尾を「〜化物イオン」と変えて呼ぶ。

電子を1個受け取る / 同じ電子配置

塩素原子(原子番号17)　塩化物イオン(陰イオン)　アルゴン原子
塩化物イオンの生成

④**イオンの価数** 原子がイオンになったときに変化した電子の数。

⑤**イオンの表し方** イオンを表すときは，元素記号の右上にイオンの価数(1は省略)と符号(＋または−)を添えた，化学式で表す。

　例 Na^+，O^{2-}

⑥**単原子イオン** 1つの原子からできているイオン。呼び方は，陽イオンのときは元素名の後に「イオン」をつけて，陰イオ

> **⚠️ここに注意**
> 陽イオンは電子を失う。
> 陰イオンは電子を受け取る。

ンのときは元素名の語尾を「～化物イオン」と変えて呼ぶ。

〖例〗Li^+(リチウムイオン), Cl^-(塩化物イオン)

⑦**多原子イオン**　2個以上の原子からできているイオン。それ
ぞれ固有の呼び方がある。

〖例〗NO_3^-(硝酸イオン), NH_4^+(アンモニウムイオン)

おもな陽イオンの価数・イオン式・名称 ■は多原子イオン

価数	1価		2価		3価	
イオン式と名称	H^+	水素イオン	Mg^{2+}	マグネシウムイオン	Al^{3+}	アルミニウムイオン
	Na^+	ナトリウムイオン	Ca^{2+}	カルシウムイオン	Fe^{3+}	鉄(Ⅲ)イオン
	Cu^+	銅(Ⅰ)イオン	Zn^{2+}	亜鉛イオン		
	Ag^+	銀イオン	Fe^{2+}	鉄(Ⅱ)イオン		
	NH_4^+	アンモニウムイオン	Cu^{2+}	銅(Ⅱ)イオン		

おもな陰イオンの価数・イオン式・名称 ■は多原子イオン

価数	1価		2価		3価	
イオン式と名称	F^-	フッ化物イオン	O^{2-}	酸化物イオン	PO_4^{3-}	リン酸イオン
	Cl^-	塩化物イオン	S^{2-}	硫化物イオン		
	OH^-	水酸化物イオン	CO_3^{2-}	炭酸イオン		
	NO_3^-	硝酸イオン	SO_4^{2-}	硫酸イオン		

B　イオン化エネルギー

①(第一)**イオン化エネルギー**　もとの原子から電子を1つ取り
去り, 1価の陽イオンにするのに必要なエネルギー。

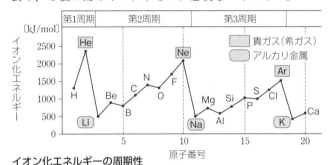

イオン化エネルギーの周期性

📝**テストに出る**

イオン化エネルギーの特徴

・イオン化エネルギーが小さいほど, 陽イオンになりやすい。

・周期表の左下の原子ほど, イオン化エネルギーが小さい。

・18族の貴ガスの原子は, 電子配置が安定しているため, イオン化エネルギーが大きく, 陽イオンになりにくい。

教科書の整理 2章

・同族の原子では，原子番号が大きい原子の方が最外殻が原子核から遠く，イオン化エネルギーが小さい。(原子核の陽子が最外殻電子を引きつける力が弱くなるため)

②電子親和力 原子が電子を1個取り入れ，1価の陰イオンになるときに放出されるエネルギー。

テストに出る

電子親和力の特徴

・電子親和力が大きいほど，陰イオンになりやすい。(陰性が強い)

・貴ガスはイオンになりにくいため，最も電子親和力が弱い。

・17族(ハロゲン)の原子は，電子親和力が大きいため陰イオンになりやすい。

③イオン半径 イオンを球形と考えた場合の，イオンの半径。

イオン半径の特徴

・原子は陽イオンになると小さくなり，陰イオンになると大きくなる。陽イオンでは電子の数が減るため，陽子が最外殻電子を中心に強く引きつける。一方，陰イオンでは電子が増えるため，陽子が最外殻電子を中心に引きつける力が弱くなる。

・同じ電子配置のイオンでは，原子番号が大きいほどイオン半径が小さくなる。これは，電子の数が同じ一方で，原子番号が大きいほど陽子の数，すなわち電荷が増え，最外殻電子が中心に強く引きつけられるためである。

C イオン結合とイオン結晶

①静電気的な引力(クーロン力) 正の電荷をもつ陽イオンと負の電荷をもつ陰イオンの間にはたらく引力。

②イオン結合 静電気的な引力による陽イオンと陰イオンの結びつき。

③組成式 物質を構成する原子の割合を，最も簡単な整数比で表したもの。イオンからなる物質は組成式を用いて表す。このとき，次の関係式が成り立つ。

重要語句

静電気的な引力(クーロン力)
イオン結合
組成式

■ **重要公式**

陽イオンの正電荷の総和＝陰イオンの負電荷の総和

(陽イオンの価数)×(陽イオンの数の比)＝(陰イオンの価数)×(陰イオンの数の比)

組織式のつくり方と名称　Na^+ と O^{2-} からできる物質の場合

①	陽イオンを前，陰イオンを後に書く。	Na^+　　　　　O^{2-} 陽イオン（1価）　陰イオン（2価）
②	正負の電荷の総量が等しくなるように，陽イオンと陰イオンの最も簡単な整数比を考える。	陽イオンの価数×数＝陰イオンの価数×数 $1 \times x = 2 \times y$ $x : y = 2 : 1$
③	陽イオン，陰イオンの電荷を除き，②で求めた数を右下に示す。	Na_2O_1
④	1は省略。多原子イオンが2個以上の場合，多原子イオンを（　）で囲む。*	Na_2O 組成式
名称	名称は陰イオン，陽イオンの順に。「〜イオン」「〜物イオン」は省略。	酸化物イオン＋ナトリウムイオン →酸化ナトリウム

* $Fe(OH)_3$，$(NH_4)_2SO_4$ など。

④**結晶**　原子や分子，イオンなどを構成する粒子が規則正しく配列した固体。

⑤**イオン結晶**　イオン結合によって陽イオンと陰イオンが規則正しく配列した結晶。

⑥**イオン結晶の性質**
・硬いが，強い力を加えると特定の面に沿って割れやすい。
・融点が高い。
・結晶（固体）は電気を通さないが，融解したり水溶液にしたりすると電気を通すようになる。
・水に溶けるものが多い。

⑦**電離**　物質が水溶液中でイオンに分かれること。

⑧**電解質**　水などの液体に溶けて電離する物質。

⑨**非電解質**　水などの液体に溶けても電離しない物質。

⑩**イオン結晶の用途**
・塩化ナトリウム（$NaCl$）：調味料，生理食塩水などに使用。
・炭酸水素ナトリウム（$NaHCO_3$）：重曹とも呼ばれる。発泡入浴剤やベーキングパウダーなどに使用。
・硫酸バリウム（$BaSO_4$）：X線検査の造影剤（水や塩酸に溶けず，X線を通さないため）などに使用。
・炭酸カルシウム（$CaCO_3$）：貝殻や真珠，大理石などの主成分。セメントなどに使用。

重要語句
イオン結晶
電離
電解質
非電解質

もっと詳しく
イオン結晶は，強い力が加わると，正負同じ電荷をもつイオンが向かいあって互いに反発する。このため，強い力を加えると，特定の面に沿って割れやすい。

❷節 分子と共有結合

教科書 p.56〜67

教科書の整理　2章

A 共有結合と分子の形成

①**分子**　非金属元素の原子が結びついてできたもので，その物質の化学的性質を失わない最小の単位。

②**原子の個数による分子の違い**

・**単原子分子**　貴ガスのように１つの原子からなる分子。

　例 ヘリウム He，アルゴン Ar

・**二原子分子**　２つの原子からなる分子。

　例 酸素分子 O_2

・**多原子分子**　３つ以上の原子からなる分子。

　例 水分子 H_2O，アンモニア分子 NH_3

③**分子式**　分子を表す式。分子を構成する原子の元素記号を示し，それぞれの数を右下につけて示す（１は省略）。

④**共有結合**　原子どうしがそれぞれの価電子を出し合って共通して生じる結合。結合後は，それぞれの原子自体の電子配置は同じ周期の貴ガスと同じ電子配置になることが多い。

　例 水分子での結合

水分子 H_2O は，２個の水素原子と１個の酸素原子が結びついてできる。水素原子は価電子をそれぞれ１つ，酸素原子は価電子を２つ出して共有する。このため，２つの水素原子はヘリウム原子と同じ電子配置に，酸素原子はネオン原子と同じ電子配置になる。

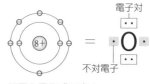

水分子のでき方

⑤**電子式**　元素記号の周囲に，最外殻電子を点（・）で書き添えた式。電子式で２つが並んで対になっている電子の組を電子対，対になっていない電子を不対電子という。

原子を電子式で表す

- **原子の電子式の書き方**　最外殻電子を不対電子と電子対に区別して表す。
  - ①元素記号の上下左右に，電子が入る4か所を考える。
  - ②4個目までの電子は，すべて別々の場所に入れる。
  - ③5個目からの電子は，既に電子が1個入った場所のいずれかに入れる(どこに入れてもよい)。

⑥**分子の電子式**　非金属元素の原子どうしが結びついてできる分子では，原子どうしが不対電子を共有し合う共有結合がみられる。このとき，各原子の電子配置は同じ周期の貴ガスと同じ電子配置になって安定している。

- **共有電子対**　原子どうしが電子を共有してできる電子対。
- **非共有電子対**　既に共有結合をする前から電子対になっていて，原子間で共有されない電子対。

水分子の形成と電子式

⑦**構造式**　分子内の原子どうしが共有してできた共有電子対を1本の線(価標)で表した式。

⑧**原子価**　構造式で，各原子から出ている線(価標)の数。原子価の数は各原子の共有電子対の数のことだから，もとの原子の不対電子の数と同じである。

⑨**共有結合の種類**

- **単結合**　1組の共有電子対で結ばれた結合。
- **二重結合**　2組の共有電子対で結ばれた結合。
- **三重結合**　3組の共有電子対で結ばれた結合。

⑩**分子の形**　分子の中にある電子対と電子対は，互いがもつ負の電荷によって，相互に反発し合って離れようとする。この性質や原子の種類・数などから分子の立体的な形が決まる。

> **もっと詳しく**
> 構造式は，分子の形を表すものではない。ただし，一部の分子で構造式と実際の形が一致するものがある。

重要語句
電子式

重要語句
共有電子対
非共有電子対

⚠ここに注意
電子式は価電子を「・」で表した式
構造式は共有電子対を「―」で表した式

教科書の整理　2章

教科書の整理 2章

原子	原子価	電子式
水素 $H-$	1価	$H\cdot$
酸素 $-O-$	2価	$\cdot \overset{\cdots}{\underset{\cdot}{O}} \cdot$
窒素 $-\overset{\|}{N}-$	3価	$\cdot \overset{\cdots}{N} \cdot$
炭素 $-\overset{\|}{\underset{\|}{C}}-$	4価	$\cdot \overset{\cdot}{\underset{\cdot}{C}} \cdot$
塩素 $Cl-$	1価	$:\overset{\cdots}{\underset{\cdots}{Cl}} \cdot$

原子の原子価と電子式

分子	分子式	電子式・構造式
水	H_2O	$H:\overset{\cdots}{\underset{\cdots}{O}}:H$ 　　$H-O-H$ 　　　　　　　　　単結合 不対電子を1個ずつ出し合う
二酸化炭素	CO_2	$:\overset{\cdots}{\underset{\cdots}{O}}::C::\overset{\cdots}{\underset{\cdots}{O}}:$ 　$O=C=O$ 　　　　　　　　二重結合 不対電子を2個ずつ出し合う
窒素	N_2	$:N:::N:$ 　　　$N\equiv N$ 　　　　　　　　三重結合 不対電子を3個ずつ出し合う

分子の電子式・構造式

分子式・構造式と分子の形

名称と分子式	構造式	分子の模型	立体構造
水素 H_2	$H-H$ 　単結合		直線形 　0.074 nm
水 H_2O	$H-O-H$ 　単結合		折れ線形 　0.096 nm 104.5°
アンモニア NH_3	$H-\overset{\|}{N}-H$ 　 $\underset{H}{}$ 　単結合		三角錐形 　0.101 nm 106.7°
メタン CH_4	$\overset{H}{\underset{H}{H-C-H}}$ 　単結合		正四面体形 0.109 nm 109.5°
二酸化炭素 CO_2	$O=C=O$ 　二重結合		直線形 0.116 nm
窒素 N_2	$N\equiv N$ 　三重結合		直線形 0.110 nm

※立体構造中の長さは結合距離(結合する原子の中心間の距離)を示し，角度は結合角(となり合う2つの原子の共有結合のなす角)を示す。

⑪**有機化合物**　炭素を骨格とする化合物。

・**メタン** CH_4　都市ガス(天然ガス)の主成分。

・**ヘキサン** C_6H_{14}　ガソリンの成分の1つで，有機溶媒として使われる。

・**酢酸** CH_3COOH　調味料や食品の保存などに利用される。

・**エタノール** C_2H_5OH　酒や消毒液，燃料などに使われる。

⑫**無機物質**　有機化合物以外の物質。炭素を骨格としない物質。

・**水素** H_2　最も軽い気体。燃料電池やロケットの燃料に利用。

・**酸素** O_2　空気中の約21%を占める。吸入用や溶接に利用。

・**窒素** N_2　空気中の約78%を占める。比較的安定した気体。

・**アンモニア** NH_3　無色で刺激臭をもつ気体。硝酸の原料。

B 高分子化合物

①**高分子化合物**　原子がいくつも共有結合(重合)してできた化合物。

②**単量体(モノマー)**　高分子化合物の原料となる小さい分子。

③**重合体(ポリマー)**　単量体がいくつも繰り返し共有結合(重合)してできた高分子化合物。

・**ポリエチレン**(PE)　エチレンを原料とする。エチレンに含まれる炭素原子が，別のエチレンの炭素原子と結びつき，これを繰り返すことでできる。ポリ袋などに利用される。

・**ポリエチレンテレフタラート**(PET)　無色透明で圧力に強く，ペットボトルなどに利用される。

・**ポリスチレン**(PS)　発泡ポリスチレンに利用される。

・**ポリプロピレン**(PP)　比較的熱に強く，食品容器やペットボトルのふたなどに使われる。

C 配位結合

①**配位結合**　一方の原子だけから提供された非共有電子対を共有してできる結合。結合のできる過程が異なるだけで，できた結合は普通の共有結合と区別できない。

例 **オキソニウムイオン** H_3O^+　オキソニウムイオンは，酸素の非共有電子対が1つの水素イオンと共有されて生じる。

$$H:\overset{\cdot\cdot}{\underset{H}{O}}: \quad + \quad H^+ \quad \longrightarrow \quad \left[H:\overset{\cdot\cdot}{\underset{H}{O}}:H \right]^+$$

水　　　　　　　水素イオン　　　　　　オキソニウムイオン

配位結合によるイオンの形成

②**錯イオン**　分子やイオンが非共有電子対を提供し，金属イオンと配位結合することでできたイオン。

③**配位子**　錯イオンにおいて，金属イオンに非共有電子対を提供する分子や陰イオン。

D 電気陰性度と分子の極性

①**電気陰性度**　異なる種類の原子が共有結合する際の，共有電子対を引きつける強さを相対的に表したもの。

> 📝**テストに出る**
>
> **電気陰性度の特徴**
> ・一般に，貴ガスを除いて，周期表の右上にあるほど電気陰性度が強くなる。このため，フッ素 F が最大となる。
> ・電気陰性度が大きい原子ほど，共有電子対を強く引きつける。

②**極性**　共有結合している原子と原子の間に電荷の偏りがあること。電気陰性度が異なる原子間の結合では必ず生じる。

③**極性分子**　分子全体として極性がある分子。
　　例 水 H_2O，塩化水素 HCl，アンモニア NH_3 など

④**無極性分子**　分子全体として極性がない分子。結合自体に極性がない(同じ種類の原子の結合)場合と，結合の極性が全体として打ち消される場合の2つがある。
　　例 水素 H_2，塩素 Cl_2，二酸化炭素 CO_2，メタン CH_4 など

	二原子分子		多原子分子	
無極性分子	水素 H_2 (直線形)	塩素 Cl_2 (直線形)	二酸化炭素 CO_2 (直線形)	メタン CH_4 (正四面体形)
	結合自体に極性がない。		個々の結合の極性が，互いに打ち消し合う。	
極性分子	塩化水素 HCl (直線形)		水 H_2O (折れ線形)	アンモニア NH_3 (三角錐形)
	結合の極性がそのまま分子の極性となる。		個々の結合の極性が，互いに打ち消し合わない。	

分子の形と極性　──→の方向に共有電子対が偏っていることを示す。また，$\delta+$はわずかに正の電荷を帯びていること，$\delta-$はわずかに負の電荷を帯びていることを示す。

---

⑤**分子の極性と水への溶け方**　水は極性分子だから，極性分子は水に溶けやすいが，無極性分子は水に溶けにくい。

E　分子間力と分子結晶

①**分子間力**　分子間にはたらく弱い引力。水素結合・ファンデルワールス力などをまとめた分子間にはたらく弱い引力の呼び方。

②**分子結晶**　分子間力によって結びついた分子が規則正しく並んでできた結晶。

例ドライアイス CO_2，ヨウ素 I_2，ナフタレン $C_{10}H_8$ など

③**分子結晶の性質**

・軟らかく，砕けやすい。
・融点の低いものが多い。
・固体でも液体でも電気を通さないものが多い。
・昇華しやすいものが多い（ドライアイス・ヨウ素など）。

教科書 p.64〜65　発展　**水素結合・氷の結晶構造・ファンデルワールス力**

①**水素結合**　水素 H を仲立ちとして起こる結合。電気陰性度の大きい原子(F，O，N)が負の電気を帯び，水素 H が正の電気を帯びることで静電気的に引き合って起こる。

②**氷の結晶構造**　水は固体の氷になると，分子と分子の間に水素結合がはたらいて隙間の多い構造をとる。このため，水が凝固して氷になると，体積が増加して密度が減少する。逆に，氷が水に融解すると隙間の多い構造が壊れるため，体積が減少し，密度が増加する。

③**ファンデルワールス力**　分子と分子の間にはたらく弱い引力。液体や気体の状態でもはたらき，分子の質量が多いほど強くなる。

F　共有結合の結晶

①**共有結合の結晶**　多数の非金属元素の原子どうしが共有結合で結びつき，規則正しくならんだ固体。

例ダイヤモンド C，黒鉛 C，ケイ素 Si，二酸化ケイ素 SiO_2

もっと詳しく
一般に，結晶を構成する粒子間にはたらく力が強いほど，融点が高く，硬い。

ここに注意
分子をつくる原子どうしは共有結合で結びつき，分子どうしは分子間力で結びついている。

ここに注意
共有結合の結晶は，組成式で表す。

教科書の整理　2章

教科書の整理 2章

②共有結合の結晶の性質

・硬くて融点が非常に高いものが多い。

・溶媒に溶けにくい。

・電気を通さないものが多い。

③**ダイヤモンド** 炭素原子が隣り合う4
　個の炭素原子と共有結合してできてい
　る。

・構造　正四面体の立体的な網目(あみめ)構造。

・性質　①非常に硬い。

　　　　②無色透明。

　　　　③電気を通さない。

ダイヤモンドの構造

④**黒鉛** 炭素が隣り合う3個の炭素原子
　と共有結合してできる。

・構造　正六角形の平面的な層状構造。

・特徴　①軟(やわ)らかくて，はがれやすい。

　　　　②黒色で光沢をもつ。

　　　　③電気をよく通す。

黒鉛の構造

⑤**ケイ素** ケイ素 Si は炭素と同じ14族の元素で，価電子を4
　個もつ。このため，ダイヤモンドと同様の正四面体の立体的
　な網目構造をとる。

・性質　灰色で融点が高い。純度の高い結晶はわずかに電気を
　通すため，半導体の原料として使われている。

⑥**二酸化ケイ素** ケイ素原子 Si と酸素原子 O が交互に共有結
　合で結合し，SiO_4 の四面体の基本単位が次々に繰り出され
　た立体的な網目構造の結晶をつくる。

・性質　硬くて融点が高い。ガラスや陶磁器，光ファイバーの
　原料となる。

教科書 p.67 🖇 コラム　**ケイ素の利用**

　ケイ素の結晶の電気の伝えやすさは，金属と非金属の中
間にある。このような性質をもつ物質は半導体と呼ばれ，
発光ダイオードや太陽電池など，様々な形で利用される。

📝**テストに出る**

ダイヤモンド
と黒鉛は同素
体の関係であ
る。

🐶🐶**もっと詳しく**

黒鉛が電気を
導くのは，炭
素の不対電子
のうち，他の
炭素原子と結
合していない
残り1個の電
子が自由に動
くためである。

❸節 金属と金属結合

A 金属結合

① **自由電子** 金属中を自由に動き回ることができる電子。

② **金属結合** 金属原子どうしが自由電子を共有し合ってできる結びつき。

③ **金属結晶** 金属原子が規則正しく並んで結合してできた結晶。

④ **金属結晶の性質**

・特有の光沢をもつ(金属光沢)。

・電気伝導性や熱伝導性にすぐれている。

・叩くと薄く広がり(展性),引っ張ると長く伸びる(延性)。

・融点は,水銀 Hg のように低いものから,タングステン W のように高いものまである。

・一般に,典型元素の金属よりも遷移元素の金属が密度が大きい。

⑦ **合金** 2種類以上の金属を融かし合わせたもの。

⑧ **金属の性質と用途**

金属	性質や用途
鉄 Fe	硬くて丈夫だが,湿った空気中でさびやすい。さびないように加工して,機械材料や多くの建造物などに利用。
銅 Cu	電気や熱を通しやすい。硬貨や電線などに利用。
アルミニウム Al	軽くて丈夫。電気や熱を通しやすい。調理器具や車両のほか,密度が小さい性質から高圧送電線にも利用。
水銀 Hg	常温で液体である唯一の金属。温度計や血圧計,蛍光灯などに利用された。

⑨ **合金の種類と用途**

合金	成分	性質や用途
ステンレス鋼	鉄・クロム・ニッケルなど	さびにくい。台所製品などに利用。
ジュラルミン	アルミニウム・銅・マグネシウムなど	軽くて丈夫。飛行機の機体などに利用。
黄銅真ちゅう	銅・亜鉛	黄色い光沢をもつ。楽器や家庭用器具,硬貨などに利用。

重要語句

自由電子
金属結合
金属結晶
展性
延性
合金

もっと詳しく

金,銀,銅などは特に展性や延性が大きい。この性質を利用して,金箔や銅線などがつくられる。

教科書の整理 2章

教科書の整理　2章

教科書 p.70~71　発展　**金属結晶の構造**

① **結晶格子**　結晶中での規則的な粒子の配列。

② **単位格子**　結晶格子中に現れる最小の繰り返し単位。金属結晶は，体心立方格子・面心立方格子・六方最密構造のどれかの構造をとることが多い。

③ **体心立方格子**　単位格子は立方体。原子は立方体の中心に1個，立方体の各頂点に $\frac{1}{8}$ 個ずつ配置されている。

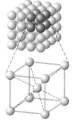
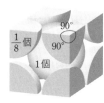

・配位数：8
・充填率：68%
・単位格子中の原子の数：

$$1(中心)+\frac{1}{8}(各頂点)\times 8=2$$

体心立方格子

④ **面心立方格子**　単位格子は立方体。原子は立方体の各面の中心に $\frac{1}{2}$ 個ずつ，各頂点に $\frac{1}{8}$ 個ずつ配置されている。

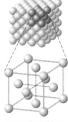
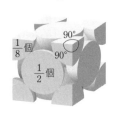

・配位数：12
・充填率：74%
・単位格子中の原子の数：

$$\frac{1}{2}(面心)\times 6+\frac{1}{8}(各頂点)\times 8=4$$

面心立方格子

⑤ **六方最密構造**　原子は正六角柱の各頂点に $\frac{1}{6}$ 個ずつ，各面の中心に $\frac{1}{2}$ 個ずつ配置されている。正六角柱1つにつき，単位格子3つ分にあたる。1段目と2段目の重なり方は面心立方格子と同じで，3段目の重なりが異なる。

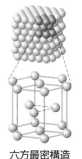
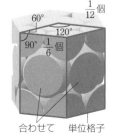

・配位数：12
・充填率：74%
・単位格子中の原子の数：

$$1(面の中心付近2つを合わせた値)+\left(\frac{1}{12}+\frac{1}{6}\right)(頂点)\times 4=2$$

六方最密構造

もっと詳しく

- **配位数**　ある粒子を取り囲んでいるほかの粒子の数。
- **充填率**　原子が結晶の中の空間をどれだけ占めているかを表す割合。単位格子の体積と単位格子中にある原子の体積の比で表される。

$$充填率(\%) = \frac{原子の体積 \times 単位格子中の原子の数}{単位格子の体積} \times 100$$

- **最密構造**　充填率が最大になる構造。面心立方格子と六方最密構造はその1つ。

④節 化学結合と物質の分類

教科書 **p.72~73**

A 化学結合と物質の分類

①**化学結合と融点**　一般に，物質をつくる粒子と粒子の結びつきが強いほど，物質の融点は高い。粒子と粒子の結びつきの強さは，結合の種類によって異なり，共有結合＞イオン結合＞分子間力となる。この結合の強さの関係は融点の大きさの関係にも表れている。

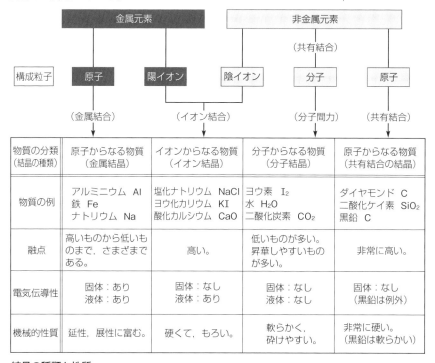

物質の分類 (結晶の種類)	原子からなる物質 (金属結晶)	イオンからなる物質 (イオン結晶)	分子からなる物質 (分子結晶)	原子からなる物質 (共有結合の結晶)
物質の例	アルミニウム Al 鉄 Fe ナトリウム Na	塩化ナトリウム NaCl ヨウ化カリウム KI 酸化カルシウム CaO	ヨウ素 I_2 水 H_2O 二酸化炭素 CO_2	ダイヤモンド C 二酸化ケイ素 SiO_2 黒鉛 C
融点	高いものから低いものまで，さまざまである。	高い。	低いものが多い。昇華しやすいものが多い。	非常に高い。
電気伝導性	固体：あり 液体：あり	固体：なし 液体：あり	固体：なし 液体：なし	固体：なし (黒鉛は例外)
機械的性質	延性，展性に富む。	硬くて，もろい。	軟らかく，砕けやすい。	非常に硬い。 (黒鉛は軟らかい)

結晶の種類と性質

気づきラボ・実験のガイド

教科書 p.54　実験2　イオン結晶の電気伝導性を調べよう

┃操作の留意点┃

1．融解した塩化ナトリウムは非常に高温なので，決して直接触れないようにする。

2．実験では，イオン結晶がどのような状態で電気を通すのかを調べるために，水溶液の状態(方法❷)，固体のとき(方法❸)，液体のとき(方法❹)を調べている。

┃考察のガイド┃

考察　❶電気伝導性を調べた塩化ナトリウムのそれぞれの状態について，構成する粒子の集合の状態をまとめてみよう。

❷方法❷～❹において電気が通ったとき，電気が通る理由をその状態ごとに説明してみよう。

┃考察の例┃

❶　塩化ナトリウムが水溶液になった状態では，塩化ナトリウムが塩化物イオン Cl^- とナトリウムイオン Na^+ に電離し，それぞれのイオンが水溶液中を移動している。塩化ナトリウムが固体の状態では塩化物イオン Cl^- とナトリウムイオン Na^+ がイオン結合によって規則正しく配列し，結晶中でこれを構成する粒子は配列から離れて動き出すことがない。強熱して融解した液体の状態の塩化ナトリウムでは，これを構成する塩化物イオン Cl^- とナトリウムイオン Na^+ の粒子どうしは，互いに引き合いつつもある程度動き回っている。

❷　電気は方法❷と方法❹において通る。これは，方法❷では塩化ナトリウムが電離してできたイオンが電気を導くからであり，方法❹では融解して動き回ることのできるイオンの粒子が電気を導くからである。

電荷を帯びた粒子が全体として一定の方向に移動していく(個々の粒子は必ずしも同じ方向とは限らない)ことによって電流が流れる。したがって，電子やイオンのように電気を帯びた粒子が自由に動けるような状況で電流は流れる。固体の状態の塩化ナトリウムは，結晶中でイオンが配列しているため，粒子は自由には動けない。強熱すると粒子の熱運動が大きくなり，融解して液体の状態になるとイオンが自由に動けるようになる。このため，融解した液体の塩化ナトリウムは電気を通す。

| 教科書 p.63 | 気づきラボ | **7. 極性のある物質と極性のない物質の性質を調べよう** |

考察のガイド

1. 操作❶で，ラー油は水と溶け合わず，二層に分かれた。

　　無極性分子と極性分子は，溶け合いにくい。このため，無極性分子からなるラー油（食用油）は極性分子である水には溶け合いにくい。

2. 操作❷で，ラー油はヘキサンと溶け合った。

　　極性分子どうし，無極性分子どうしでは溶け合うことができる。このため，無極性分子どうしの組み合わせであるヘキサンとラー油（食用油）では溶け合った。

3. ヘキサンは無極性分子であり，水は極性分子である。したがって，ヘキサンに水を加えると，溶けあわず，二層に分かれるものと考えられる。なお，ヘキサンの密度は水よりも小さいので，加えた水は表面張力で小さな玉のようになって，次々とヘキサンの液の層の下に沈んでいく。

　　このような現象を利用したものとして，砂時計の砂の代わりに着色された液体を利用したオイル時計がある。オイル時計では，極性分子である水が無極性分子であるオイルと溶け合わないことによって，密度の大きい方の液体が下の層に沈み，密度の小さい方の液体が上の層に浮き上がるようすを見て，時間の経過を知ることができる。

　　オイル時計のオイルには，ホワイトオイルとよばれる石油の精製物である流動パラフィンが用いられることが多い。流動パラフィンは，沸点が300℃以上ある物質なので，一般的な石油の精製でガソリンや軽油などを分留して残った残油を減圧蒸留して取り出す。このため，常温で揮発性することがないので，安定してオイル時計などに用いることができる。

　　また，着色したドライフラワーなどを瓶に詰めて，液体を満たしたハーバリウムに用いるオイルも流動パラフィンである。このとき，着色されたドライフラワーの色がオイルに溶け出すことがないのも，使われている染料や色素が極性のある物質で，水にはよく溶けるが無極性の物質であるオイルには溶けないことを利用している。オイル時計の2つの液体のうち，一方だけが着色されているのも，この性質を利用している。

問いのガイド

教科書
p.49
問 1

次のイオンは，どの貴ガスの原子と同じ電子配置をとっているか。
(1) Li^+　　(2) O^{2-}　　(3) Mg^{2+}　　(4) S^{2-}　　(5) K^+

ポイント イオンは，元の原子と最も原子番号が近い貴ガスと同じ電子配置をとる。

解き方 ポイントにあるように，イオンは元の原子と最も原子番号が近い貴ガスと同じ電子配置になる。

(1) リチウムイオン Li^+ と原子番号が最も近い貴ガスは，ヘリウム He である。よって，ヘリウムと同じ電子配置を取る。

(2) 酸化物イオン O^{2-} と原子番号が最も近い貴ガスは，ネオン Ne である。よって，ネオンと同じ電子配置をとる。

(3) マグネシウムイオン Mg^{2+} と原子番号が最も近い貴ガスは，ネオン Ne である。よって，ネオンと同じ電子配置をとる。

(4) 硫化物イオン S^{2-} と原子番号が最も近い貴ガスは，アルゴン Ar である。よって，アルゴンと同じ電子配置をとる。

(5) カリウムイオン K^+ と原子番号が最も近い貴ガスは，アルゴン Ar である。よって，アルゴンと同じ電子配置をとる。

答(1) ヘリウム　　(2) ネオン　　(3) ネオン
(4) アルゴン　　(5) アルゴン

教科書
p.50
問 2

次のイオンがもつ電子の総数を答えよ。
(1) Na^+　　(2) S^{2-}

ポイント 陽イオンになるときは，価数の分だけ電子を失う。
陰イオンになるときは，価数の分だけ電子を得る。

解き方 (1) ナトリウムイオン Na^+ は1価の陽イオンだから，もとの原子から電子を1つ失う。よって，$11-1=10$ より，電子の総数は 10

(2) 硫化物イオン S^{2-} は2価の陰イオンだから，もとの硫黄から電子を2つだけ得る。よって，$16+2=18$ より，電子の総数は 18

答(1)　10個　　(2)　18個

教科書
p.53
問 3

次のイオンからなる物質の組成式を書き，名称を答えよ。
(1)　Ca^{2+}, Cl^-　　(2)　Na^+, CO_3^{2-}　　(3)　Mg^{2+}, OH^-
(4)　NH_4^+, SO_4^{2-}　(5)　Cu^{2+}, NO_3^-　(6)　Ca^{2+}, PO_4^{3-}

ポイント

正負の電荷がつり合うような比を考える。
名称は，「物イオン」「イオン」を除いて読む。

解き方(1)　カルシウムイオン Ca^{2+} と塩化物イオン Cl^- の電荷がつり合うような比は，カルシウムイオン：塩化物イオン＝1：2 である。よって，組成式は $CaCl_2$ となる。

(2)　ナトリウムイオン Na^+ と炭酸イオン CO_3^{2-} の電荷がつり合うような比は，ナトリウムイオン：炭酸イオン＝2：1 である。よって組成式は，Na_2CO_3 となる。

(3)　マグネシウムイオン Mg^{2+} と水酸化物イオン OH^- の電荷がつり合うような比は，マグネシウムイオン：水酸化物イオン＝1：2 である。よって，組成式は $Mg(OH)_2$ となる。

(4)　アンモニウムイオン NH_4^+ と硫酸イオン SO_4^{2-} の電荷がつり合うような比は，アンモニウムイオン：硫酸イオン＝2：1 である。よって，組成式は $(NH_4)_2SO_4$ となる。

(5)　銅(Ⅱ)イオン Cu^{2+} と硝酸イオン NO_3^- の電荷がつり合うような比は，銅(Ⅱ)イオン：硝酸イオン＝1：2 である。よって，組成式は $Cu(NO_3)_2$ となる。

(6)　カルシウムイオン Ca^{2+} とリン酸イオン PO_4^{3-} の電荷がつり合うような比は，カルシウムイオン：リン酸イオン＝3：2 である。よって，組成式は $Ca_3(PO_4)_2$ となる。

答(1)　$CaCl_2$　塩化カルシウム　　(2)　Na_2CO_3　炭酸ナトリウム
(3)　$Mg(OH)_2$　水酸化マグネシウム　(4)　$(NH_4)_2SO_4$　硫酸アンモニウム
(5)　$Cu(NO_3)_2$　硝酸銅(Ⅱ)　(6)　$Ca_3(PO_4)_2$　リン酸カルシウム

教科書
p.58
問 4

次の分子を，電子式および構造式で表せ。
(1)　フッ化水素 HF　　(2)　メタン CH_4
(3)　硫化水素 H_2S　　(4)　アンモニア NH_3

問いのガイド　2章

ポイント　電子式は，最外殻電子を「・」で表した式。
構造式は，共有電子対を一本の線に表した式。

解き方
(1)　水素原子とフッ素原子は，1組だけ電子を共有する。
(2)　炭素原子と水素原子は，1組ずつ電子を共有する。
(3)　硫黄原子と水素原子は，1組ずつ電子を共有する。
(4)　窒素原子と水素原子は，1組ずつ電子を共有する。

答(1)　H:F̈:　　　H－F　　　(2)

$$
\begin{array}{cc}
& \text{H} \\
\text{H:C:H} & \\
& \text{H}
\end{array}
\qquad
\begin{array}{c}
\text{H} \\
\text{H－C－H} \\
\text{H}
\end{array}
$$

(3)　H:S̈:H　　　H－S－H　　(4)

$$
\text{H:N:H} \qquad
\begin{array}{c}
\text{H} \\
\text{H－N－H} \\
\text{H}
\end{array}
$$

教科書 p.63
問 5

次の分子のうち，極性分子を選び，化学式で答えよ。
(1)　窒素 N_2　　　　(2)　フッ化水素 HF
(3)　硫化水素 H_2S　　(4)　四塩化炭素 CCl_4

ポイント　分子の極性は，分子の形から考える。

解き方
(1)　窒素 N_2 は直線形の分子で，同じ種類の原子どうしが結びついた分子だから共有電子対を引く力は同じである。よって，無極性分子である。
(2)　フッ化水素 HF は直線形の分子で，異なる種類の原子が結びついた分子である。よって，電気陰性度の高いフッ素原子に共有電子対が引き寄せられるから極性分子である。
(3)　硫化水素 H_2S は，電気陰性度の高い硫黄原子がそれぞれ水素原子の共有電子対を引き寄せる，折れ線型の分子である。よって，極性分子である。
(4)　四塩化炭素 CCl_4 は，正四面体形の分子であるから，分子全体として極性をもたない。よって，無極性分子である。

答 HF，H_2S

章末確認問題のガイド

❶次の空欄に該当する化合物の組成式を答えよ。

	Cl^-	$SO_4{}^{2-}$	$PO_4{}^{2-}$
Na^+	NaCl	(ア)	(イ)
Ca^{2+}	(ウ)	$CaSO_4$	(エ)
Al^{3+}	(オ)	(カ)	$AlPO_4$

ポイント 各イオンの正負の電荷がつり合うような比を考える。

解き方 (ア)　Na^+ と $SO_4{}^{2-}$ の正負の電荷がつり合うような比は，
$$Na^+ : SO_4{}^{2-} = 2 : 1$$
よって，組成式は Na_2SO_4 となる。

(イ)　Na^+ と $PO_4{}^{3-}$ の正負の電荷がつり合うような比は，
$$Na^+ : PO_4{}^{3-} = 3 : 1$$
よって，組成式は Na_3PO_4 となる。

(ウ)　Ca^{2+} と Cl^- の正負の電荷がつり合うような比は，
$$Ca^{2+} : Cl^- = 1 : 2$$
よって，組成式は $CaCl_2$ となる。

(エ)　Ca^{2+} と $PO_4{}^{3-}$ の正負の電荷がつり合うような比は，
$$Ca^{2+} : PO_4{}^{3-} = 3 : 2$$
よって，組成式は $Ca_3(PO_4)_2$ となる。

(オ)　Al^{3+} と Cl^- の正負の電荷がつり合うような比は，
$$Al^{3+} : Cl^- = 1 : 3$$
よって，組成式は $AlCl_3$ となる。

(カ)　Al^{3+} と $SO_4{}^{2-}$ の正負の電荷がつり合うような比は，
$$Al^{3+} : SO_4{}^{2-} = 2 : 3$$
よって，組成式は $Al_2(SO_4)_3$ となる。

答 (ア) Na_2SO_4　　(イ) Na_3PO_4
(ウ) $CaCl_2$　　(エ) $Ca_3(PO_4)_2$
(オ) $AlCl_3$　　(カ) $Al_2(SO_4)_3$

章末確認問題のガイド 2章

❷ 次の文章中の( )に当てはまる語を入れよ。

　ナトリウム原子と塩素原子が近づくと，ナトリウム原子は価電子1個を失っ
て，貴ガスの(①)原子と同じ電子配置をもつ陽イオンの(②)イオンとなる。

　一方，塩素原子は電子1個を受け取って，貴ガスの(③)原子と同じ電子配置
をもつ陰イオンの(④)イオンとなる。このようにしてできた(②)イオンと(④)
イオンは，静電気的な引力で結びつく。このような結合を(⑤)といい，(⑤)で
できた結晶を(⑥)という。

ポイント 陽イオンは電子を失ってできる。
陰イオンは電子を受け取ってできる。
イオンは，周期表において最も近い貴ガスと同じ電子配置をとる。

解き方 　ナトリウム原子と塩素原子が結びつくとき，ナトリウム原子は最外殻に
ある1個の価電子を失い，1価の陽イオンであるナトリウムイオンになる。

　一方で，塩素原子は電子を1つ受け取り，1価の陰イオンである塩化物
イオンになる。

　原子はイオンになると，周期表で最も近い位置にある貴ガスと同じ電子
配置になる。このため，ナトリウムイオンは貴ガスのネオンと同じ電子配
置になり，塩化物イオンは貴ガスのアルゴンと同じ電子配置になる。

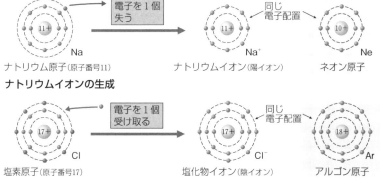

電子を1個
失う
ナトリウム原子(原子番号11)　　ナトリウムイオン(陽イオン)　　ネオン原子
同じ
電子配置
Na　　　Na⁺　　　Ne
ナトリウムイオンの生成

電子を1個
受け取る
塩素原子(原子番号17)　　塩化物イオン(陰イオン)　　アルゴン原子
同じ
電子配置
Cl　　　Cl⁻　　　Ar
塩化物イオンの生成

　正の電荷をもつ陽イオンと負の電荷をもつ陰イオンは，互いに静電気的
に引き合って結びつく。

答 ① ネオン　　② ナトリウム　　③ アルゴン
④ 塩化物　　⑤ イオン結合　　⑥ イオン結晶

❸次の文章中の(　)に当てはまる語を答えよ。また，下の(問)にも答えよ。

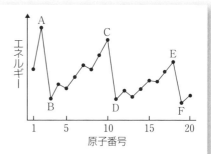

原子から(①)を1個取り去り，1価の陽イオンにするのに必要なエネルギーを，その原子の(②)といい，この値が(③)ほど陽イオンになりやすい。

図の折れ線グラフのB，D，Fは(④)の元素群でA，C，Eが(⑤)の元素群である。

(問)原子番号1〜20の原子のうちで，1価の陽イオンに(a)最もなりやすい原子，(b)最もなりにくい原子はどれか。元素記号で答えよ。

ポイント イオン化エネルギーは1価の陽イオンへのなりやすさを示す。
イオン化エネルギーは，同一周期では貴ガスが最大でアルカリ金属が最小，同族元素では周期が大きいほどイオン化エネルギーは大きくなる。

解き方 ①〜③　1価の陽イオンにするのに必要なエネルギーが小さいほど陽イオンになりやすいといえるから，イオン化エネルギーが小さいほど陽イオンになりやすい。

④〜⑤　イオン化エネルギーは，陽イオンへのなりやすさを示すことから，同一周期ではアルカリ金属の元素はイオン化エネルギーが小さく，貴ガスの元素は(第一)イオン化エネルギーが大きい。このことから，グラフにおけるB，D，Fはアルカリ金属の元素群，A，C，Eは貴ガスの元素群と分かる。

(問)　表において，最もエネルギーの値が小さいFの原子は1価の陽イオンになりやすく，最もエネルギーの値が大きいAの原子は1価の陽イオンになりにくい。Fはカリウムであり，Aはヘリウムであるから，これを解答する。

答 ①　最外殻電子　　　②　(第一)イオン化エネルギー　　　③　小さい
④　アルカリ金属　　　⑤　貴ガス(希ガス)
(問)(a)　K　　(b)　He

章末確認問題のガイド　2章

章末確認問題のガイド　2章

❹ 次の各分子について，下の各問いに答えよ。

(ア) N_2 　(イ) H_2O 　(ウ) CO_2

(エ) NH_3 　(オ) CH_4

(1) 二重結合をもつ分子を記号で答えよ。

(2) 三重結合をもつ分子を記号で答えよ。

(3) 共有電子対が最も少ない分子を記号で答えよ。

(4) 非共有電子対が最も多い分子を記号で答えよ。

(5) (ア)〜(オ)の各分子の立体構造を下の番号で答えよ。

① 直線形　　② 折れ線形　　③ 三角錐形

④ 正四面体形　　⑤ 正三角形　　⑥ 正方形

ポイント 共有電子対や非共有電子対の数は，電子式から考える。

分子に含まれる共有電子対や非共有電子対は，互いに反発し合って離れようとする。

解き方 (1)〜(4)　以下のように，(ア)〜(オ)の各分子の電子式から考える。

(ア) :N⋮N:　(イ) H:Ö:H　(ウ) :Ö::C::Ö:

(エ) H:N̈:H　(オ) H:C:H（上下にH）

(5) (ア) N_2 分子は，同じ種類の元素が2つ結合している。このため，分子の構造は①直線形となる。

(イ) H_2O 分子では，電子対は互いに反発して離れようとするから，酸素原子を中心に電子対が正四面体の形に配置される。このため，水素原子は正四面体の2つの頂点に配置されるような形になり，分子の構造は②折れ線形となる。

(ウ) CO_2 分子では，炭素Cと共有している2つずつの共有電子対を酸素Oがそれぞれ引き寄せている。このため，分子の構造は①直線形となる。

(エ) NH_3 では，電子対は互いに反発して離れようとするため，共有電子対・非共有電子対が窒素原子を中心とした正四面体の頂点に配置される。このうち，水素原子は正四面体の頂点の3つに配置されるから，分子の形は③三角錐形となる。

(オ)　CH₄ では，炭素原子を中心に水素原子 4 個が正四面体の頂点に
それぞれ配置される。このため，分子の構造は④正四面体形となる。

答　(1)　(ウ)　　(2)　(ア)　　(3)　(イ)　　(4)　(ウ)

(5)　(ア)　①　　(イ)　②　　(ウ)　①　　(エ)　③　　(オ)　④

---

❺ 次の文章中の(　)に当てはまる語や数を答えよ。

　水素分子の場合は，2 個の H 原子が互いに価電子を(①)個ずつ出し合い，
それらを共有することで結合する。この結合を(②)という。同様にフッ素分子
の場合は，2 個の F 原子が互いに価電子を(③)個ずつ出し合い，(②)を形成し
ている。

　このとき，原子間で共有されている電子対を(④)，共有されていない電子対
を(⑤)という。なお，F₂ 分子中の各 F 原子は，貴ガスの(⑥)と同じ安定な電
子配置となっている。

　一方，アンモニウムイオン NH₄⁺ は，アンモニア分子の N 原子の(⑦)が水
素イオンと共有されて形成される。このような(②)を特に(⑧)という。

ポイント　共有結合は，価電子を原子間で共有することでできる。
配位結合は，非共有電子対を共有する結合。

解き方　①〜⑥　水素分子では，2 個の水素原子が電子を 1 個ずつ共有して共有電
子対をつくる。このとき，水素原子はそれぞれ共有した 2 個の電子をも
つことになるため，ヘリウムと同じ電子配置になっている。また，フッ
素分子では，2 個のフッ素原子が電子を 1 個ずつ出し合って，共有電子
対をつくる。このとき，フッ素原子はそれぞれ共有した電子対を含めて
最外殻に 8 個の電子をもつことになるため，ネオンと同じ電子配置とな
っている。

⑦〜⑧　アンモニウムイオン NH₄⁺ では，本来アンモニア分子 NH₃ とし
て安定している状態に，水素イオンが加わっている。このとき，アンモ
ニア分子にある N 原子が，水素イオンと非共有電子対を共有して共有
結合をつくっている。このような結合を配位結合という。

答　①　1　　②　共有結合　　③　1
④　共有電子対　　⑤　非共有電子対　　⑥　ネオン
⑦　非共有電子対　　⑧　配位結合

章末確認問題のガイド 2章

❻ 次の化学結合に関する記述①〜⑤について，正しいものには○，誤っている ものには×で答えよ。

① 無極性分子を構成する共有結合には，極性があるものはない。

② 塩化ナトリウムの結晶では，ナトリウムイオンと塩化物イオンが静電気的 な引力で結合している。

③ 金属が展性・延性を示すのは，原子どうしが自由電子によって結合してい るからである。

④ 2つの原子が電子を出し合って生じる結合は，イオン結合である。

⑤ オキソニウムイオン H_3O^+ の3つの O—H 結合のうち，1つは配位結合で あり，できた結合は他の2つの共有結合とは区別することができる。

ポイント イオン結合・共有結合・金属結合の特徴を理解する。
分子全体で極性が打ち消されていれば，無極性分子。
配位結合は，共有結合と比べてでき方が異なるだけで，できてしまうと 他の共有結合と区別することができない。

解き方 ① 誤っている。無極性分子では，分子をつくる共有結合がすべて極性を もたないものもある。しかし，それぞれの共有結合には極性があるもの の，分子全体として極性を打ち消しているものもある。

② 正しい。塩化ナトリウムでは，陽イオンであるナトリウムイオン Na^+ と陰イオンである Cl^- が静電気的な力で結びつくことでできている。

③ 正しい。金属結晶がもつ性質は，自由電子の存在によるものが多い。 金属結晶がもつ展性や延性の性質は，金属原子の並び方を変えても，自 由電子が金属原子の結合を維持するためである。

④ 誤っている。2つの原子が電子を出し合って生じる結合では，2つの 原子が電子を共有して結びついている。このため，共有結合であると判 断できる。

⑤ 誤っている。配位結合では，非共有電子対を共有するという点で共有 結合とでき方が異なる。しかし，できた結合は普通の共有結合と同じで あるため，区別することはできない。

答 ① × ② ○ ③ ○ ④ × ⑤ ×

章末確認問題のガイド

教科書 p.77

❶ 次の文章中の（　）に当てはまる語を答えよ。

　原子が共有電子対を引きつける強さを（①）といい，周期表上では，貴ガスを除いて，（②）に位置するものほど大きくなる。

　一般に，異なる種類の原子からなる共有結合では，（①）の差が大きいほど，電荷の偏りが（③）くなる。このように，2原子間に電荷の偏りがあることを，「結合に（④）がある」という。

　二酸化炭素分子は C＝O 結合に（④）があるが，（⑤）形であるため，分子全体では結合の（④）は打ち消し合って（⑥）分子となる。一方，アンモニア分子は N—H 結合に（④）があり，（⑦）形であるため，分子全体では結合の（④）は打ち消し合わずに（⑧）分子となる。

ポイント　電気陰性度は，一般に貴ガスを除いて周期表の右上に行くほど大きくなる。

電気陰性度に差がある原子どうしの結合では，結合に極性が生じる。

分子全体で極性を打ち消せていれば無極性分子，打ち消せていなければ極性分子。

解き方　③〜④　異なる種類の原子が共有結合するとき，原子どうしの電気陰性度が異なることから，共有電子対が一方に引き寄せられる。この結果として，結合した原子が電荷を帯びることになる。このため，電気陰性度の差が大きいほど共有電子対はより強く引き寄せられ，電荷の偏りが大きくなる。

　⑤〜⑧　二酸化炭素分子では，異なる種類の原子である炭素 C と酸素 O の結合には極性があるが，分子の形状は直線形となる。このため，二酸化炭素分子は，分子全体としては極性が打ち消されて無極性分子となる。一方で，アンモニア分子では，窒素 N と水素 H の結合に極性があり，分子の形が三角錐形であるから分子全体でも極性を打ち消せない。このため，アンモニア分子は極性分子である。

答　①　電気陰性度　　②　右上

　③　大き　　　　　④　極性

　⑤　直線　　　　　⑥　無極性

　⑦　三角錐　　　　⑧　極性

❷ 下図を参考にして，表に当てはまる適当な語を下の語群より選んで答えよ。

	ダイヤモンド	黒鉛
機械的性質	①	②
電気的性質	③	④
色	⑤	⑥

【語群】
[軟らかい　硬い　不導体(絶縁体)　導体　半導体　無色　黒色]

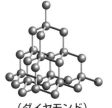

（ダイヤモンド）　　　（黒鉛）

ポイント 共有結合の結晶の特徴を理解する。

解き方 ①③⑤　ダイヤモンドは，図のような立体的な網目構造をとる。このため，炭素原子の4つの価電子は，それぞれとなり合う4個の炭素原子と共有結合によって強く結びついている。このため，ダイヤモンドはすべての炭素原子が強い共有結合で結合しているので，硬く，電気を通さない不導体(絶縁体)である。

②④⑥　黒鉛は，炭素原子の4つの価電子のうち3つがとなり合う3個の炭素原子と共有結合し，図のような層状構造をとる。図の層状構造は弱い分子間力によって結びついて積み重なっている。この弱い結合のため，黒鉛は軟らかい。

また，このとき4つの価電子のうち3つのみが共有結合しているため，1つの価電子が層状構造に沿って自由に動くことができる。このため，黒鉛は電気を通す導体である。

答
① 硬い　　　　　　　② 軟らかい
③ 不導体(絶縁体)　　④ 導体
⑤ 無色　　　　　　　⑥ 黒色

❸ 次の文章中の（　）に当てはまる語を答えよ。

多数の分子が規則正しく配列してできた結晶を（①）という。分子間にはたらく引力，すなわち（②）が弱いために，（①）は，一般に融点が（③）く，軟らかい。また，ドライアイスのように（④）しやすいものが多い。

ダイヤモンドのように，多数の原子が共有結合のみでつながった結晶を（⑤）といい，硬くて，融点が非常に（⑥）いものが多い。

ポイント 分子結晶は，弱い分子間力で結びつく。
共有結合の結晶は，強い共有結合で結びつく。

解き方 ①～④　分子結晶では，分子どうしは弱く引き合う力である分子間力によって結びついているため，分子が規則正しく並ぶ力が，熱運動によって緩んだり振り切られたりしやすい。そのため，分子結晶は軟らかいものが多く，融点が低いものが多い。また，固体から気体に直接変化する状態変化である昇華をしやすいものも多い。

⑤～⑥　共有結合の結晶は，共有結合によって強く結合しているため，硬くて融点が高いものが多い。

答 ①　分子結晶　　　② 　分子間力
③　低　　　　　　④ 　昇華
⑤　共有結合の結晶　⑥ 　高

❹ 次の文章中の（　）に当てはまる語を答えよ。

金属原子が多数集まると，価電子は金属原子の間を自由に移動できるようになる。このような電子を（①）といい，（①）による金属原子の間の結合を（②）という。

金属は表面で光をよく反射し，特有の（③）をもち，（④）や（⑤）をよく導く。また，金属には，薄く広げられる（⑥）という性質や，長く延ばせる（⑦）という性質もある。

金属の単体は，多数の原子からできており，Cu，Ag のように元素記号をそのまま用いた（⑧）を用いて表す。

ポイント 金属結晶の性質を理解する。
金属結晶の性質は，自由電子の存在によるものが多い。

章末確認問題のガイド　2章

解き方 ①～②　金属原子が規則正しく並んだ金属結晶では，金属原子の価電子は結晶の中を自由に動き回ることができる。このような電子を自由電子という。この自由電子によって金属原子どうしが結びつく結合を金属結合という。

③～⑦　金属結晶の性質には自由電子が大きく影響している。金属が電気や熱をよく導く性質は，自由電子が熱や電気を伝えるためである。加えて，薄く広げられる展性や長く延ばせる延性の性質も，自由電子が金属原子どうしの結びつきを維持するためである。

答 ①　自由電子　　②　金属結合　　③　金属光沢
④，⑤　電気，熱(順番は問わない)　　⑥　展性
⑦　延性　　⑧　組成式

❺ 次の表は，物質 A～D の結晶の性質を示す。A～D に当てはまる物質を下から記号で答えよ。

	A	B	C	D
融点	低い	高い	高い	極めて高い
電気伝導性	なし	水溶液にはあり	あり	なし
硬さ	軟らかい	硬い	硬い	極めて硬い

(ア)　塩化ナトリウム　　(イ)　ダイヤモンド　　(ウ)　ドライアイス　　(エ)　鉄

ポイント イオン結晶・分子結晶・金属結晶・共有結合の結晶のそれぞれの性質を理解する。

解き方 選択肢にある(ア)塩化ナトリウムはイオン結晶，(イ)ダイヤモンドは共有結合の結晶，(ウ)ドライアイスは分子結晶，(エ)鉄は金属結晶である。
融点が低いAは，弱い分子間力で結合している(ウ)のドライアイスだとわかる。水溶液が電気を通すBは，電解質である(ア)の塩化ナトリウムである。また，Dは融点が極めて高く，極めて硬いことから強い共有結合で結びつく(イ)ダイヤモンドだとわかる。(C は熱伝導性のある結晶ということから，(エ)の鉄であることがわかる。)

答 A：(ウ)　　B：(ア)
C：(エ)　　D：(イ)

❻ 次の化学結合に関する記述①～⑤について，正しいものには○，誤っている
ものには×で答えよ。
① 酢酸分子の原子間の結合は，イオン結合である。
② ダイヤモンドは炭素の単体で，炭素原子間の結合は共有結合である。
③ 塩化ナトリウムの結晶は，イオン結合でできている。
④ 金属ナトリウムでは，ナトリウム原子の価電子は，金属全体を自由に動く
ことができない。
⑤ ポリエチレン中の炭素原子と水素原子は，分子間力でつながっている。

ポイント イオン結合，共有結合，金属結合の特徴をつかむ。

解き方 ① 誤っている。酢酸分子には金属原子は含まれていないため，イオン結
合ではない(酢酸は炭素 C，水素 H，酸素 O からできており，各原子間
の結合は共有結合であり，酢酸分子どうしは分子間力によって引き合う
分子結晶である)。
② 正しい。ダイヤモンドは，炭素が立体的な網目構造をつくってできた
共有結合の結晶である。
③ 正しい。塩化ナトリウムでは，陽イオンであるナトリウムイオンと陰
イオンである塩化物イオンがイオン結合で結びついている。
④ 誤っている。金属結晶では，価電子が自由電子として金属結晶中を自
由に動くことができる。
⑤ 誤っている。ポリエチレン中の炭素原子と水素原子は，ともに非金属
であるが，共有結合によってつながっている。なお，ポリエチレンは，
エチレン分子が付加重合によって次々と連なってできた合成高分子化合
物である。

答 ① ×　② ○　③ ○　④ ×　⑤ ×

探究のガイド

| 教科書 p.78 | 探究 PLUS | 元素Xとその性質を推測する | 関連:教科書 p.42 |

操作の留意点

1. 操作❶で試験管にコルク栓をしておくのは，塩素の気体を試験管の内部に留めておくためである。塩素は毒性が強いので，吸ってしまわないように注意する。

2. ヨウ素は素手で触れないようにする。また，ヨウ素の気体を吸ってしまわないように注意する。

整理のガイド

整理 ❶塩素とヨウ素の実験から，元素Xの単体は，常温ではどのような状態(固体，液体，気体)であると考えられるか。また，元素Xの単体には色がついているだろうか。

❷塩化カリウム KCl と硝酸銀 AgNO₃，ヨウ化カリウム KI と硝酸銀 AgNO₃ の変化を化学反応式で表そう。

❶ (例)常温の状態で塩素は気体，ヨウ素は固体であったことから，この間に位置する元素Xは常温の状態では液体になると考えられる。また，塩素・ヨウ素の単体がともに色がついていたため，元素Xの単体には色がついていると考えられる。

❷ (例)塩化カリウム KCl と硝酸銀 AgNO₃ の反応：

$$KCl + AgNO_3 \longrightarrow AgCl + KNO_3$$

ヨウ化カリウム KI と硝酸銀 AgNO₃ の反応：$KI + AgNO_3 \longrightarrow AgI + KNO_3$

考察のガイド

考察 ❶元素Xのカリウム塩の水溶液に酢酸銀水溶液を加えると，どのような反応が起こると考えられるだろうか。反応式を予想してみよう。

❷元素Xは何と考えられるだろうか。仮説をたて，実際の物質で実験して確かめてみよう。

❸メンデレーエフは，ゲルマニウムにあたる元素をどのような性質と予想していただろうか。また，その理由を文献やインターネットなどで調べよう(インターネットの使い方→教科書 p.201)。

❶ (例)元素Xは 17 族の元素だから，整理❷を参考すると以下のような反応式になる(ハロゲン化物イオンを含む水溶液に硝酸銀水溶液を加えると，ハロゲン化銀が沈殿する)。また，塩化銀が白色沈殿，ヨウ化銀が黄色の沈殿となっ

たことから，淡い黄色の沈殿を生じると考えられる。

$$KX + AgNO_3 \longrightarrow AgX + KNO_3$$

❷　(例)元素 X は臭素だと考えられる。

❸　(例)メンデレーエフは，ゲルマニウムにあたる元素にエカケイ素と仮の名前
をつけ，性質を予想した。ここでは，原子番号や周期律などから，原子量を予
測し，またケイ素に似た化学的性質をもつと予想した。

| 教科書 p.79 | 探究 PLUS | 分子の模型を組み立てる | 関連：教科書 p.58 |

操作の留意点

1．分子模型を組み立てる際は，電子式や構造式を参考にして組み立てるとよい。

整理のガイド

同じ元素の原子からなる二原子分子 (無極性分子)	異なる元素の原子からなる二原子分子(極性分子)
・水素 H_2 ・塩素 Cl_2 ・窒素 N_2	・塩化水素 HCl

二原子分子とは，2個の原子からできている分子のことである。

考察のガイド

考察　次の各問いに，分子模型でつくったモデルを参考にして答えよ。
・水分子の形状の特徴を挙げてみよ。
・メタン，エタン，プロパンと炭素数が増加していったとき，分子の形状はどのように変化していくか。
・エタン，エチレンの構造の特徴を書き出せ。また，結合を回転させてみよう。

・(例)水分子の形状は折れ線形であり，各結合が同一平面上にある。

・(例)炭素原子の数が増加するにつれて，炭素原子と炭素原子が単結合を形成し，鎖のように(ジグザグに)つながっていく。

・(例)エタンの構造は立体的な構造となっており，炭素間の結合部分を回転させることができる。この部分を回転させると，分子内の水素の位置関係が変化するため，分子の形が変化する。一方で，エチレンの構造はすべての原子が同一平面上にある平面的な構造となっており，炭素間の二重結合は回転させることができない。

3編　物質の変化

1章　物質量と化学反応式

教科書の整理

❶節　原子量・分子量・式量

教科書 p.82～85

A　原子の相対質量

①**原子の相対質量**　ある原子1個の質量を基準として，その原子の質量との比較で求めた相対値。単位はない。

・現在は，質量数が12の炭素原子 ^{12}C 1個の質量(1.99×10^{-23} g)を12として，基準にしている。

■**重要公式**

> 原子の相対質量 $= \dfrac{\text{原子1個の質量}}{^{12}C \text{原子1個の質量}} \times 12$

> 例 酸素原子 ^{16}O 1個の質量は 2.66×10^{-23} g なので，その相対質量は，

$$\frac{2.66 \times 10^{-23}\,\text{g}}{1.99 \times 10^{-23}\,\text{g}} \times 12 \fallingdotseq 16.0$$

B　原子量

①**原子量**　各元素を構成する同位体の相対質量と，その存在比から求めた原子の相対質量の平均値(基準は $^{12}C = 12$)。相対値なので，単位はない。

> 例 炭素 C の原子量は，相対質量12の ^{12}C が98.94%，相対質量13.00の ^{13}C が1.06%の割合で存在することから，

$$12 \times \frac{98.94}{100} + 13.00 \times \frac{1.06}{100} \fallingdotseq 12.01$$

　　→すべての炭素原子の相対質量を12.01として扱う。

・高校の化学では，計算が複雑にならないように，整数を基本とした概数値を用いることが多い。

⚠️**ここに注意**

原子の相対質量や原子量，分子量，式量などは，比を表す相対的な値なので，単位をつけない。

🔍**もっと詳しく**

F, Na, Al など，同位体が存在しない元素については，原子の相対質量がそのまま元素の原子量となる。

元素の原子量（概数値）

元素		原子量
水素	H	1.0
ヘリウム	He	4.0
炭素	C	12
窒素	N	14
酸素	O	16

元素		原子量
ナトリウム	Na	23
マグネシウム	Mg	24
アルミニウム	Al	27
硫黄	S	32
塩素	Cl	35.5

元素		原子量
カリウム	K	39
カルシウム	Ca	40
鉄	Fe	56
銅	Cu	63.5
銀	Ag	108

教科書の整理 1章

C 分子量・式量

①**分子量** $^{12}C=12$ を基準として求めた分子の相対質量。相対値なので，単位はない。

・分子量は，分子式を構成する元素の原子量の総和で求められる。

 例（H_2Oの分子量）＝（Hの原子量）×2＋（Oの原子量）×1
     ＝$1.0×2+16$
     ＝18

③**式量** 分子が存在しない物質における，分子量に相当する値。相対値なので，単位はない。

・式量は，組成式やイオンを表す化学式を構成する元素の原子量の総和で求められる。

 例（NaClの式量）＝（Naの原子量）×1＋（Clの原子量）×1
     ＝$23×1+35.5×1$
     ＝58.5

・マグネシウム Mg やアルミニウム Al などの金属や，ダイヤモンド C やケイ素 Si のように，組成式で表される単体では，原子量がそのまま式量となる。

 例（Mg の式量）＝（Mg の原子量）＝24

もっと詳しく

イオンになるときに増減する電子の質量は，もとの原子の質量に比べてはるかに小さいため，ほとんど無視できる。

②節 物質量

教科書 p.86〜91

A アボガドロ数と物質量

①**アボガドロ数** 原子量の基準とした^{12}C原子 12 g 中に含まれる原子の数。^{12}C原子 1 個の質量は約$1.99×10^{-23}$ g なので，

$$\text{アボガドロ数} = \frac{12\text{ g}}{1.99\times10^{-23}\text{ g}} \fallingdotseq 6.0\times10^{23}$$

② **物質量**　粒子の個数に着目して表した物質の量。アボガドロ数個（6.0×10^{23}個）の粒子の集団を **1 モル**（単位：mol）として数える。

③ **物質量と粒子の数**　1 mol あたりの粒子の数を**アボガドロ定数**と呼ぶ。アボガドロ定数 $N_A=6.0\times10^{23}$/mol　物質量は、粒子の数とアボガドロ定数から求めることができる。

■ **重要公式**

$$\text{物質量}[\text{mol}] = \frac{\text{粒子の数}}{6.0\times10^{23}/\text{mol}}$$

例 水分子が 3.0×10^{23} 個あるとき、その物質量は、

$$\frac{3.0\times10^{23}}{6.0\times10^{23}/\text{mol}} = 0.50\text{ mol}$$

④ **物質量と質量**　物質 1 mol あたりの質量を **モル質量**〔g/mol〕と呼ぶ。原子量・分子量・式量に単位 g/mol をつけたものになる。**物質量**は、物質の質量とモル質量から求めることができる。

■ **重要公式**

$$\text{物質量}[\text{mol}] = \frac{\text{物質の質量}[\text{g}]}{\text{モル質量}[\text{g/mol}]}$$

例 塩化ナトリウム（式量 58.5）が 11.7 g あるとき、その物質量は、$\dfrac{11.7\text{ g}}{58.5\text{ g/mol}} = 0.200\text{ mol}$

B　1 molの気体の体積

① **物質量と気体の体積**　「同温・同圧で同体積の気体の中には、気体の種類によらず、同数の分子が含まれる」という法則を、**アボガドロの法則**という。また、物質 1 mol あたりの体積を**モル体積**と呼ぶ。標準状態（0℃, 1.013×10^5 Pa の状態）での気体のモル体積は、気体の種類によらず 22.4 L/mol になる。物質量は、標準状態での気体の体積とモル体積から求めることができる。

■ **重要公式**

$$\text{気体の物質量}[\text{mol}] = \frac{\text{標準状態での気体の体積}[\text{L}]}{22.4\text{ L/mol}}$$

もっと詳しく
アボガドロ数は、より正確な値として、6.02×10^{23} を用いることもある。

ここに注意
物質量を用いるときは、どの粒子についての物質量かを明示する必要がある。ただし、粒子の種類が明らかなときは省略してもよい。

例 標準状態で 11.2 L を占める気体の物質量は，

$$\frac{11.2\ \text{L}}{22.4\ \text{L/mol}} = 0.500\ \text{mol}$$

②**気体の密度と分子量**　**気体の密度**は，気体 1 L あたりの質量（単位 g/L）で表すことが多い。標準状態での気体の密度から，気体の分子量を求めることができる。

> **同温・同圧では，気体の密度は分子量に比例する。**

例 標準状態での密度が 1.43 g/L の気体

この気体 1 mol の質量は，標準状態での体積が 22.4 L であることから，1.43 g/L × 22.4 L ≒ 32.0 g

1 mol あたりの質量が 32.0 g なので，モル質量は 32.0 g/mol で，分子量は 32.0 となる。

③**空気の平均分子量**　混合気体を 1 種類の分子からなるとして求めた，見かけの分子量。各成分気体の分子量と混合比から求める。

> **空気 1 mol の質量を窒素と酸素のモル質量から求め，単位 g/mol を除いてもよい。**

例 空気を，物質量の比で 4：1 の窒素 N_2（分子量 28）と酸素 O_2（分子量 32）からなる混合気体であるとすると，その平均分子量は以下のように計算できる。

$$28 \times \frac{4}{4+1} + 32 \times \frac{1}{4+1} = 28.8$$

④**物質量を中心とした量的関係**　粒子の数・質量・気体の体積の間で量を相互変換するときは，物質量を介するとよい。

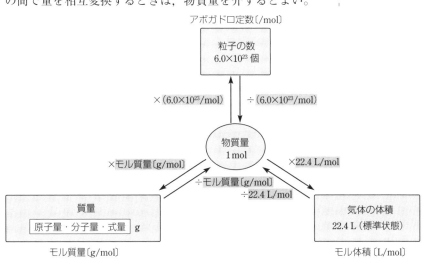

物質量を介した物質の量の相互変換

$$物質量〔mol〕= \frac{質量〔g〕}{モル質量〔g/mol〕} = \frac{気体の体積〔L〕}{22.4 \ L/mol} = \frac{粒子の数}{6.0×10^{23}/mol}$$

③節　溶液の濃度

教科書 p.92~93

A 溶液の濃度

- **溶解**　物質が液体に溶けて，均一な液体となること。
- **溶質**　溶解した物質。
- **溶媒**　溶質を溶かした液体。
- **溶液**　溶解によって生じた均一な液体。
- **水溶液**　溶液の中で，溶媒が水のもの。
- **濃度**　溶液中に含まれる溶質の割合。
- ①**質量パーセント濃度**　溶液の質量に対する溶質の質量の割合をパーセント〔%〕で表した濃度。

> ■**重要公式**
> $$質量パーセント濃度〔\%〕= \frac{溶質の質量〔g〕}{溶液の質量〔g〕} ×100$$

- ②**モル濃度**　溶液 1 L 中に含まれる溶質の量を物質量で表した濃度。

> ■**重要公式**
> $$モル濃度〔mol/L〕= \frac{溶質の物質量〔mol〕}{溶液の体積〔L〕}$$

例　0.100 mol の塩化ナトリウム NaCl を水に溶かして 0.200 L とした水溶液のモル濃度は，

$$\frac{0.100 \ mol}{0.200 \ L} = 0.500 \ mol/L$$

> **もっと詳しく**
> 溶液のうち，溶媒が水であるものを特に水溶液という。アルコールやベンゼンなども溶媒となることがある。

> **もっと詳しく**
> この公式を変形すると，モル濃度と溶液の体積から，溶質の物質量を求めることができる。

④節　化学反応の表し方

教科書 p.94~95

A 化学反応式

- **化学反応式**　化学変化を化学式を使って表した式。単に**反応式**ともいう。
- **係数**：化学反応式において，化学式の前につける数。

化学反応式の書き方

①反応物の化学式を左辺に，生成物の化学式を右辺に書き，その間を矢印「⟶」で結ぶ。
  ・反応物や生成物が複数あるときは，＋（プラス）を書いてつなぐ。
  ・反応の前後で変化しなかった物質(溶媒や触媒)は，反応式の中には書かない。

②両辺で各原子の数が等しくなるように，化学式の前に係数をつける。
  ・係数は，最も簡単な整数比になるようにする。
  ・係数が1になるときは省略する。
  ・原子の種類と数が多く，複雑そうな物質の係数を1とおき，登場回数の少ない原子から順に数を合わせていくとよい。

例　メタン CH_4 が完全燃焼して，二酸化炭素 CO_2 と水 H_2O が生じる反応の化学反応式

  ①反応物の CH_4 と酸素 O_2 を左辺，生成物の CO_2 と H_2O を右辺に書き，⟶ で結ぶ。

  $$CH_4 \ + \ O_2 \ \longrightarrow \ CO_2 \ + \ H_2O$$

  ② CH_4 の係数を1とおき，炭素原子 C の数を合わせる。左辺の C 原子の数は1なので，右辺の CO_2 の係数は1とする。

  $$\underline{1}CH_4 \ + \ O_2 \ \longrightarrow \ \underline{1}CO_2 \ + \ H_2O$$

  ③水素原子 H の数を合わせる。左辺の H 原子の数は4なので，右辺の H_2O の係数は2とする。

  $$\underline{1}CH_4 \ + \ O_2 \ \longrightarrow \ 1CO_2 \ + \ \underline{2}H_2O$$

  ④酸素原子 O の数を合わせる。右辺の O 原子の数は4なので，左辺の O_2 の係数は2とする。

  $$1CH_4 \ + \ \underline{2}O_2 \ \longrightarrow \ \underline{1}CO_2 \ + \ \underline{2}H_2O$$

  ⑤係数の1を省略する。

  $$CH_4 \ + \ 2O_2 \ \longrightarrow \ CO_2 \ + \ 2H_2O$$

もっと詳しく
自身は反応の前後で変化しないが，反応を促進するはたらきをもつ物質を触媒という。

教科書の整理　1章

もっと詳しく
酸素が十分な条件での燃焼を完全燃焼といい，酸素が不十分な条件での燃焼を不完全燃焼という。

ここに注意
係数が分数になったときは，⑤で両辺を何倍かして，分母を払い，最も簡単な整数比にする。

教科書の整理 1章

B イオンを含む化学反応式

- **イオンを含む化学反応式(イオン反応式)** 反応に関係したイオンだけに着目して表した反応式。

  例 硝酸銀 $AgNO_3$ 水溶液と塩化ナトリウム $NaCl$ 水溶液を混ぜると，塩化銀 $AgCl$ の白色沈殿が生じる。
  - ・化学反応式

    $AgNO_3 + NaCl \longrightarrow AgCl \downarrow + NaNO_3$
  - ・イオン反応式

    $Ag^+ + Cl^- \longrightarrow AgCl \downarrow$

> **もっと詳しく**
>
> 化学反応式で沈殿生成を強調する場合は「↓」，気体発生を強調する場合は「↑」を化学式の後につける。

5節 化学反応式の表す量的関係

教科書 p.96〜101

A 化学反応式の表す量的関係

- **化学反応式と質量** 「質量＝物質量×モル質量」の関係から，物質量を質量に直すと，反応物の質量と生成物の質量が等しいことがわかる。このことは，質量保存の法則が成り立つことを示している。

化学反応式と質量の関係

化学反応式	2CO	+	O_2	$\longrightarrow$	$2CO_2$
物質量	2 mol		1 mol		2 mol
モル質量	28 g/mol		32 g/mol		44 g/mol
質量	28×2 g	+	32×1 g	=	44×2 g

- **化学反応式と粒子の数** 化学反応式の係数の比は，各物質の粒子の数や物質量の比と等しい。

化学反応式と粒子の数の関係

化学反応式	2CO	+	O_2	$\longrightarrow$	$2CO_2$
反応に関係する粒子の数	2個 ⋮ $(6.0×10^{23})×2$ 個		1個 ⋮ $(6.0×10^{23})×1$ 個		2個 ⋮ $(6.0×10^{23})×2$ 個
物質量	2 mol		1 mol		2 mol
物質量の比	2	:	1	:	2

- **化学反応式と気体の体積** 同温・同圧では，物質量が等しい気体は同じ体積を占める。したがって，化学反応式の各気体の係数の比は，各気体の体積の比と等しい。このことは，気体反応の法則が成り立つことを示している。

化学反応式と気体の体積の関係

化学反応式	2CO	+	O₂	⟶	2CO₂
物質量	2 mol		1 mol		2 mol
気体の体積 (標準状態)	22.4×2 L	:	22.4×1 L	:	22.4×2 L
体積の比	2	:	1	:	2

教科書の整理 1章

教科書 p.100 コラム　原子説から分子説へ

①**質量保存の法則**　1774 年，ラボアジェ(フランス)

「化学変化の前後で物質の質量の総和は変化しない」

②**定比例の法則**(一定組成の法則)　1799 年，プルースト(フランス)

「化合物を構成する元素の質量の比は常に一定である」

③**原子説**　1803 年，ドルトン(イギリス)

「物質はすべて原子から構成される」

・物質は固有の質量をもち，それ以上分割できない原子からなる。

・化合物は，2 種類以上の原子が一定の割合で結合したものである。

・化学変化では，原子の組み合わせが変わるだけで，原子そのものが生成したり消滅したりすることはない。

④**倍数比例の法則**(倍数組成の法則)　1803 年，ドルトン

「2 種類の元素からなる複数の化合物について，一方の元素の一定質量と反応する他方の元素の質量は，簡単な整数比となる」

例　NO　N：O=14 g：16 g

　　NO_2　N：O=14 g：32 g

　　→窒素 N 14 g と化合する酸素 O の質量の比は，16 g：32 g=1：2

⑤**気体反応の法則**(反応体積比の法則)　1808 年，ゲーリュサック(フランス)

「気体どうしの化学反応では，同温・同圧で，反応したり生成したりする気体の体積は，簡単な整数比になる」

⑥**分子説**　1811 年，アボガドロ(イタリア)

「気体はいくつかの原子が結合した分子という粒子からなる」

「同温・同圧・同体積の気体は，気体の種類によらず，同数の分子を含む(アボガドロの法則)」

気づきラボ・実験のガイド　1章

気づきラボ・実験のガイド

| 教科書 p.82 | 気づきラボ | 8. ゴマを基準として米，小豆，大豆の相対質量を求めよう |

┃考察のガイド┃

(例)	ゴマ	米	小豆	大豆
(1)1粒の質量〔g〕	0.003	0.03	0.15	0.25
(2)相対質量(ゴマを1)	1	10	50	83.3
(3)相対質量にgをつけたときの粒の数	333	333	333	333

1．(2)で求めた相対質量は，1粒の質量がゴマ1粒の何倍になるかを示す。

2．(3)について，ゴマ，米，小豆，大豆それぞれについて，次のように求める。

例 ゴマの粒の数 $= \dfrac{\text{相対質量にgをつけた値〔g〕}}{\text{ゴマ1粒の質量〔g〕}} = \dfrac{1\ g}{0.003\ g} = 333.3\cdots$ 　より 333

ゴマが333粒で1gになるのだから，米，小豆，大豆も同様にゴマと同じ333粒でそれぞれ相対質量にgをつけた質量になる。このようにして，原子の質量を^{12}C(質量数12の炭素原子)を基準にした相対質量で表す。

| 教科書 p.87 | 気づきラボ | 9. 1円玉からアボガドロ数を確かめてみよう |

┃結果のガイド┃

アルミニウム1molに含まれる原子の個数が約6.0×10^{23}個になるはずである。アルミニウムは密度が小さいため，メスシリンダーでも体積がはかれるが，ある程度の誤差はある。また，アボガドロ数は6.0×10^{23}に近い値であり，正確には6.0×10^{23}ではないことにも注意。

例　1円玉27枚の体積が10.0 cm³のとき，

$$\frac{10.0\ \text{cm}^3}{(4.04\times10^{-8})^3\,\text{cm}^3}\times4=6.06\cdots\times10^{23}$$

この結果からは，6.0×10^{23}/mol に近い値が得られた。

なお，アルミニウムの密度は，$\dfrac{27\ \text{g}}{10\ \text{cm}^3}=2.7\ \text{g/cm}^3$

1円玉は，純度の高いアルミニウムで1枚の重さを1.0 gとしてかなり正確に製造されているが，流通過程で汚れが付着したり，きずついたりすることもある。

| 教科書 p.88 | 気づきラボ | **10. ドライアイスから気体 1 mol の体積をはかろう** |

┃結果のガイド┃

例 ゴム管から出てくる水の体積が 375 mL であれば，モル体積は，

$$\frac{375}{1000} \text{ L} \times \frac{44 \text{ g/mol}}{1 \text{ g}} = 16.5 \text{ mol/L}$$

ドライアイスが昇華した気体は二酸化炭素である。標準状態での気体 1 mol の体積は 22.4 L で，二酸化炭素の分子量は 44 だから，1 g の体積は，

$$22.4 \text{ L/mol} \times \frac{1 \text{ g}}{44 \text{ g/mol}} = 0.509 \cdots \text{L}$$

この実験ではかなり大きな誤差が見られ，正確に 1 mol が 22.4 L にならない。二酸化炭素は水に溶けるため，その分が減少する。これを確認する方法としては，一定量の二酸化炭素を水に通して，その体積変化を調べて確認するなどの方法が考えられる。また，栓をするまでに空気中に出ていく二酸化炭素の量などの影響や測定した温度，気圧が標準状態ではないということなども測定値に影響する。

| 教科書 p.89 | 気づきラボ | **11. シャボン玉マジック** |

┃結果のガイド┃

シャボン玉は容器内で落下が止まり，水槽の気体に浮く。これは，空気とわずかなシャボン液でできたシャボン玉の方が容器内の二酸化炭素よりも密度が小さいからである。発生した二酸化炭素の分子量は 44，空気の平均分子量は 28.8 であるため，二酸化炭素の気体の密度は，空気の気体の密度よりも大きく，二酸化炭素が，容器内にたまるためにこのような現象が見られる。

| 教科書 p.93 | 気づきラボ | **12. 質量パーセント濃度とモル濃度の違いを実感してみよう** |

┃操作のガイド┃

1.00 mol あたりの質量は，塩化ナトリウム 58.5 g，スクロース 342 g である。100 mL メスフラスコを使う場合は，塩化ナトリウム 5.85 g，スクロース 34.2 g をそれぞれ溶かして 100 mL の水溶液にするとそれぞれモル濃度が 1.00 mol/L の水溶液となる。

気づきラボ・実験のガイド　1章

┃結果のガイド┃

例　100 mL の質量が食塩水 103 g，砂糖水 113 g のとき

・塩化ナトリウム水溶液の質量パーセント濃度

$$\frac{5.85\,g}{103\,g}\times100=5.679\cdots\qquad よって，5.68\%$$

・スクロース水溶液の質量パーセント濃度

$$\frac{34.2\,g}{113\,g}\times100=30.26\cdots\qquad よって，30.3\%$$

　質量パーセント濃度は溶質と溶液(溶質と溶媒)の質量の割合を表したもので，モル濃度は，溶質の物質量(モル質量)と溶液の体積の量的な関係を表したものである。

教科書 p.96　気づきラボ　**13. 銅の酸化から，反応物と生成物の質量の関係を考え，説明しよう。**

┃考察のガイド┃

左　フラスコ内で反応が完結していて，反応前後に物質の出入りがないため，質量保存の法則より，反応前後でフラスコ全体の質量の変化は見られない。

右　銅が空気中の酸素と反応して酸化銅(Ⅱ)が生成する。このときの化学反応式は次のようになる。

　$2Cu\ +\ O_2\ \longrightarrow\ 2CuO$

　質量保存の法則より，生成する酸化銅(Ⅱ)の質量は，反応した酸素と銅の質量の和に等しい。したがって，反応後の質量は，反応した酸素の質量の分だけ反応前の銅の質量より大きくなる。すなわち，反応した酸素の質量は，生成物である酸化銅(Ⅱ)の質量と反応物である銅の質量の差である。

　たとえば，教科書 p.97 表 6 のように，0.40 g の銅がすべて酸素と反応すると酸化銅(Ⅱ)0.50 g が生成する。このとき反応した酸素の質量は，

　　0.50 g－0.40 g＝0.10 g

　0.4 g から 1.0 g までの銅の質量と反応した酸素の質量の関係をグラフに表したものが教科書 p.96 図 18 であり，これらは比例関係である。また，物質量の関係は，教科書 p.97 表 6 のように銅：酸素は 2：1，銅と酸化銅(Ⅱ)は 1：1 である。まとめると，$Cu：O_2：CuO＝2：1：2$ であり，化学反応式の反応物，生成物の係数とそれぞれ一致する。

| 教科書 p.97 | 実験 3 | 化学反応における量的関係を探究しよう |

結果のガイド

例

はかり取った $CaCO_3$ の質量〔g〕	発生した CO_2 w_1-w_2〔g〕	発生した CO_2 の物質量〔mol〕
1.00	0.42	0.0095
2.00	0.87	0.020
3.00	1.32	0.030
4.00	1.76	0.040

考察のガイド

考察 結果から次のことを行ってみよう。

❶　各班の結果から，反応させた炭酸カルシウムと発生した二酸化炭素の質量比を求め，化学反応式と照らし合わせる。

❷　各班の結果をもとに，教科書 p.84 の原子量を使って，物質量の比を求め，化学反応式と照らし合わせる。

❸　考察❶と❷からわかったことをまとめる。

❹　横軸を加えた炭酸カルシウムの物質量，縦軸を発生した二酸化炭素の物質量として，グラフを作成する。

❺　炭酸カルシウムの入れる量を，約 5.0 g，約 6.0 g と増やした際，発生する二酸化炭素の物質量はどうなるだろうか。

❶　炭酸カルシウム $CaCO_3$ と塩酸 HCl の反応は，

$$CaCO_3 + 2HCl \longrightarrow CaCl_2 + H_2O + CO_2 \uparrow$$

で表され，w_1-w_2〔g〕は発生した二酸化炭素 CO_2 の質量を表している。塩酸中の HCl が $CaCO_3$ に対して十分にあるうちは，加えた $CaCO_3$ の質量に比例して CO_2 が発生する。$CaCO_3$，CO_2 の式量はそれぞれ 100，44 なので，質量比はおおよそ

$$CaCO_3 : CO_2 = 25 : 11$$

となる。これは化学反応式の係数比 1：1 とは一致しない。

❷　結果より，例えば，$CaCO_3$ が 3.00 g のとき，$CaCO_3$ がすべて反応し，CO_2 が 1.32 g 発生している。

　$CaCO_3$ の式量は 100 なので，モル質量は 100 g/mol である。したがって，$CaCO_3$ 3.00 g の物質量は，

$$\frac{3.00\ \mathrm{g}}{100\ \mathrm{g/mol}}=0.030\ \mathrm{mol}$$

また，CO_2 の分子量は 44 なので，モル質量は 44 g/mol である。したがって，CO_2 1.32 g の物質量は，

$$\frac{1.32\ \mathrm{g}}{44\ \mathrm{g/mol}}=0.030\ \mathrm{mol}$$ 　　よって，物質量の比は，$CaCO_3 : CO_2 = 1 : 1$

これは化学反応式の係数比と一致している。

❸ 化学反応式の係数比は，質量比とは一致しないが，物質量の比とは一致する。

❹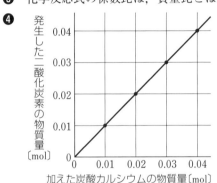

縦軸: 発生した二酸化炭素の物質量〔mol〕

横軸: 加えた炭酸カルシウムの物質量〔mol〕

❺ 4.0 mol/L の塩酸 25 mL 中の塩化水素は 0.1 mol である。考察❷と同様に，物質量の比を考えると，塩化水素 0.1 mol と完全に反応する炭酸カルシウムは 0.05 mol である。よって，炭酸カルシウムの質量が 5.0 g（0.050 mol）以上であっても，発生する二酸化炭素は 2.2 g（0.050 mol）よりは多くならない。

教科書 p.99　気づきラボ　**14. 発生する気体の体積を測定しよう**

┃結果のガイド┃

マグネシウムと塩酸（塩化水素の水溶液）の反応の式は，

　　$Mg\ +\ 2HCl\ \longrightarrow\ MgCl_2\ +\ H_2$

2 mol/L の塩酸 5 mL に含まれる塩化水素は 0.01 mol である。反応式の係数比と物質量の比は等しいので，発生する水素の物質量は最大で 0.005 mol である。常温で 1 mol の気体の占める体積が 24 L であるとすると，その体積は 0.12 L となる。マグネシウムの原子量は 24 なので，マグネシウムリボンの質量が 0.12 g（0.005 mol）以下であれば，マグネシウムはすべて反応し，計算値と測定値はほぼ一致する。それよりマグネシウムが多いときは，未反応のマグネシウムが残るので，測定値はすべて反応したと仮定する計算値よりも小さくなる。

問いのガイド

教科書 p.83 問 1 Al 原子 1 個の質量を 4.5×10^{-23} g，^{12}C 原子 1 個の質量を 2.0×10^{-23} g として，Al 原子の相対質量を求めよ。

ポイント 相対質量は，^{12}C 原子 1 個の質量を 12 と定めて基準にしている。

解き方 Al 原子の相対質量を x とおくと，

$$4.5 \times 10^{23} : 2.0 \times 10^{-23} = x : 12 \qquad x = \frac{4.5 \times 10^{-23} \text{ g}}{2.0 \times 10^{-23} \text{ g}} \times 12 = 27$$

答 27

教科書 p.84 問 2
(1) 自然界の塩素には，^{35}Cl と ^{37}Cl の 2 種類の同位体が存在する。^{35}Cl の相対質量を 35.0，存在比を 75.0%，^{37}Cl の相対質量を 37.0，存在比を 25.0% として，塩素の原子量を小数第 1 位まで求めよ。
(2) 自然界のホウ素には，^{10}B（相対質量 10.0）と ^{11}B（相対質量 11.0）の 2 種類の同位体が存在し，ホウ素の原子量は 10.8 である。^{10}B の存在比は何％かを求めよ。

ポイント 同位体の相対質量とその存在比から求めた原子の相対質量の平均値を，原子量という。

解き方 (1) $35.0 \times \dfrac{75.0}{100} + 37.0 \times \dfrac{25.0}{100} = 35.5$

(2) ^{10}B の存在比を x% とおくと，^{11}B の存在比は $(100-x)$% となるから，

$$10.0 \times \frac{x}{100} + 11.0 \times \frac{100-x}{100} = 10.8 \qquad x = 20.0$$

答 (1) **35.5** (2) **20.0%**

教科書 p.85 問 3 次の物質の分子量，あるいは式量を答えよ。（原子量は教科書 p.84 表 2 を参照）
(1) アンモニア NH_3 (2) 炭酸カルシウム $CaCO_3$
(3) 硝酸イオン NO_3^- (4) グルコース $C_6H_{12}O_6$

問いのガイド 1章

ポイント | **分子量や式量は，分子式や組成式を構成する元素の原子量の総和で求められる**

解き方 (1) $14 \times 1 + 1.0 \times 3 = 17$

(2) $40 \times 1 + 12 \times 1 + 16 \times 3 = 100$

(3) イオンの式量を求めるときは，イオンになるときに増減した電子の質量を無視して考える。

$14 \times 1 + 16 \times 3 = 62$

(4) $12 \times 6 + 1.0 \times 12 + 16 \times 6 = 180$

答(1) **17** (2) **100** (3) **62** (4) **180**

教科書 p.87 問 4

(1) 1.2×10^{23} 個の水分子の物質量は何 mol か。

(2) 水 2.5 mol 中に含まれる水分子の数は何個か。

ポイント

$$物質量〔mol〕 = \frac{粒子の数}{6.0 \times 10^{23}/mol}$$

解き方 (1) $\dfrac{1.2 \times 10^{23}}{6.0 \times 10^{23}/mol} = 0.20$ mol

(2) 粒子の数 = 物質量〔mol〕 $\times 6.0 \times 10^{23}/mol$

$= 2.5$ mol $\times 6.0 \times 10^{23}/mol = 1.5 \times 10^{24}$

答(1) **0.20 mol** (2) **1.5×10^{24} 個**

教科書 p.87 問 5

水について，次の各問いに答えよ。（原子量：H=1.0，O=16）

(1) 水のモル質量は何 g/mol か。

(2) コップに 90 g の水が入っている。このコップの中の水の物質量は何 mol か。

ポイント

$$物質量〔mol〕 = \frac{物質の質量〔g〕}{モル質量〔g/mol〕}$$

解き方 (1) 水の分子式は H_2O なので，モル質量は，

$1.0 \times 2 + 16 = 18$ g/mol

(2) (1)より，水のモル質量は 18 g/mol。よって，求める物質量は，

$$\frac{90\ g}{18\ g/mol}=5.0\ mol$$

答 (1)　**18 g/mol**　　(2)　**5.0 mol**

教科書 p.88

問 6

(1)　標準状態で 5.60 L の酸素 O_2 の物質量は何 mol か。

(2)　3.00 mol の窒素 N_2 は標準状態では何 L か。

ポイント　標準状態において気体 1 mol の体積は 22.4 L

解き方 (1)　$\dfrac{5.60\ L}{22.4\ L/mol}=0.25\ mol$

(2)　$22.4\ L/mol \times 3.00\ mol = 67.2\ L$

答 (1)　**0.25 mol**　　(2)　**67.2 L**

教科書 p.89

問 7

(1)　標準状態で，酸素 O_2 の 1.25 倍の密度をもつ気体の分子量を求めよ(原子量：O=16)。

(2)　標準状態で，密度が 1.25 g/L である気体の分子量を求めよ。

ポイント　$密度〔g/L〕=\dfrac{モル質量〔g/mol〕}{22.4〔L/mol〕}$

解き方 (1)　酸素 O_2 のモル質量は $16\times2=32$ より 32 g/mol である。ポイントより，密度が 1.25 倍のとき，モル質量も 1.25 倍となる。よって，求める気体のモル質量は $32\times1.25=40$ より 40 g/mol である。よって分子量は 40 となる。

(2)　求める分子量を x とおくと，$1.25\ g/L=\dfrac{x〔g/mol〕}{22.4\ L}$　　$x=28.0$

答 (1)　**40**　　(2) **28.0**

教科書 p.90

問 8

次の各問いに答えよ。(原子量：H=1.0，C=12，N=14，O=16)

(1)　二酸化炭素分子 3.0×10^{22} 個の占める体積は，標準状態で何 L か。

(2)　水 36 g 中に含まれる水分子の数は何個か。

(3)　標準状態において，5.6 L の窒素 N_2 の質量は何 g か。

ポイント 標準状態では，気体 1 mol の体積は 22.4 L である。

解き方 (1) 二酸化炭素分子 CO_2 3.0×10^{22} 個の物質量は，

$$\frac{3.0 \times 10^{22}}{6.0 \times 10^{23}/mol} = 0.050 \ mol$$

したがって，標準状態で占める体積は，

$$22.4 \ L/mol \times 0.050 \ mol = 1.12 \ L \fallingdotseq 1.1 \ L$$

(2) 水 H_2O の分子量は，$1.0 \times 2 + 16 = 18$

よって，水のモル質量は 18 g/mol なので，水 36 g の物質量は，

$$\frac{36 \ g}{18 \ g/mol} = 2.0 \ mol$$

したがって，水分子の数は，$2.0 \ mol \times 6.0 \times 10^{23}/mol = 1.2 \times 10^{24}$

(3) 標準状態で 5.6 L の窒素 N_2 の物質量は，

$$\frac{5.6 \ L}{22.4 \ L/mol} = 0.25 \ mol$$

窒素の分子量は，$14 \times 2 = 28$　　よって，窒素のモル質量は 28 g/mol
なので，窒素 0.25 mol の質量は，

$$0.25 \ mol \times 28 \ g/mol = 7.0 \ g$$

答 (1) **1.1 L**　　(2) **1.2×10^{24} 個**　　(3) **7.0 g**

教科書 p.92 問 9 (1) 水 100 g に塩化ナトリウムを 25 g 溶かした水溶液の質量パーセント濃度は何％か。

(2) 5.0％の塩化ナトリウム水溶液 80 g に含まれている塩化ナトリウムの質量は何 g か。

ポイント 質量パーセント濃度〔％〕$= \dfrac{溶質の質量〔g〕}{溶液の質量〔g〕} \times 100$

解き方 (1) $\dfrac{25 \ g}{(100+25) \ g} \times 100 = 20$

(2) 溶質の質量〔g〕$=$ 溶液の質量〔g〕$\times \dfrac{質量パーセント濃度}{100}$

$$= 80 \ g \times \frac{5.0}{100} = 4.0 \ g$$

答 (1) **20％**　　(2) **4.0 g**

教科書 p.93 問 10

(1)　グルコース $C_6H_{12}O_6$（分子量：180）を 9.0 g はかり，水を加えて 200 mL にした。この水溶液のモル濃度は何 mol/L か。

(2)　1.0 mol/L の水酸化ナトリウム水溶液 250 mL 中に含まれる水酸化ナトリウムの物質量は何 mol か。

ポイント

$$モル濃度〔mol/L〕 = \frac{溶質の物質量〔mol〕}{溶液の体積〔L〕}$$

解き方 (1)　グルコースのモル質量は 180 g/mol なので，その 9 g の物質量は，

$$\frac{9 \text{ g}}{180 \text{ g/mol}} = 0.05 \text{ mol}$$

これを水に溶かして 200 mL（＝0.200 L）の水溶液をつくったので，水溶液のモル濃度は，$\dfrac{0.05 \text{ mol}}{0.200 \text{ L}} = 0.25 \text{ mol/L}$

(2)　1.0 mol/L の水酸化ナトリウム NaOH 水溶液 250 mL（＝0.250 L）中に含まれる NaOH の物質量は，1.0 mol/L×0.250 L＝0.25 mol

答 (1)　**0.25 mol/L**　　(2)　**0.25 mol**

教科書 p.93 問 11

(1)　20％水酸化ナトリウム水溶液（密度 1.2 g/cm³）のモル濃度は何 mol/L か。（NaOH の式量：40）

(2)　6.0 mol/L 塩酸（密度 1.1 g/cm³）の質量パーセント濃度は何％か。（HCl の分子量：36.5）

ポイント

水溶液 1 L の溶質の質量を求める。

解き方 (1)　文中の水溶液 1 L に含まれる水酸化ナトリウムの質量は，

$$1.2 \text{ g/cm}^3 \times 1000 \text{ cm}^3 \times \frac{20}{100} = 240 \text{ g}$$

より 240 g である。NaOH の式量は 40 なので，求めるモル濃度は，

$$\frac{240 \text{ g/L}}{40 \text{ g/mol}} = 6.0 \text{ mol/L}$$

(2)　文中の水溶液 1 L に含まれる塩化水素の質量は，

$$36.5 \text{ g/mol} \times 6.0 \text{ mol} = 219 \text{ g}$$

よって質量パーセント濃度は，$\dfrac{219 \text{ g}}{1.1 \text{ g/cm}^3 \times 1000 \text{ cm}^3} \times 100 = 19.9 \fallingdotseq 20\%$

答 (1)　**6.0 mol/L**　　(2)　**20％**

問いのガイド　1章

教科書
p.95
問 12 次の化学反応式に係数をつけて，化学反応式を完成させよ。
(1) $C_2H_6O + O_2 \longrightarrow CO_2 + H_2O$
(2) $KClO_3 \longrightarrow KCl + O_2$

ポイント　最も複雑そうな物質の係数を 1 とおき，登場回数が少ない原子の数から順に合わせるとよい。

解き方 (1) C_2H_6O の係数を 1 とすると，

$1\,C_2H_6O + O_2 \longrightarrow CO_2 + H_2O$

左辺の C 原子の数は 2 なので，右辺の CO_2 の係数が決まる。

$1\,C_2H_6O + O_2 \longrightarrow 2\,CO_2 + H_2O$

左辺の H 原子の数は 6 なので，右辺の H_2O の係数が決まる。

$1\,C_2H_6O + O_2 \longrightarrow 2CO_2 + 3\,H_2O$

左辺の C_2H_6O の O 原子の数は 1，右辺の O 原子の数は 7 なので，左辺の O_2 の係数が決まる。

$1\,C_2H_6O + 3\,O_2 \longrightarrow 2\,CO_2 + 3\,H_2O$

最後に，係数の 1 を省略すると，化学反応式が完成する。

(2) $KClO_3$ の係数を 1 とすると，

$1\,KClO_3 \longrightarrow KCl + O_2$

左辺の K 原子の数は 1 なので，右辺の KCl の係数が決まる（Cl 原子の数も合う）。

$1\,KClO_3 \longrightarrow 1\,KCl + O_2$

左辺の O 原子の数は 3 なので，右辺の O_2 の係数が決まる。

$1\,KClO_3 \longrightarrow 1KCl + \dfrac{3}{2}O_2$

最後に，式の両辺を 2 倍して分母を払うと，化学反応式が完成する。

答 (1) $C_2H_6O + 3O_2 \longrightarrow 2CO_2 + 3H_2O$
(2) $2KClO_3 \longrightarrow 2KCl + 3O_2$

教科書
p.95
問 13 次のイオン反応式に係数をつけて，完成させよ。
$Cu + Ag^+ \longrightarrow Cu^{2+} + Ag$

ポイント　両辺の電荷が等しくなるように整数の係数をつける。

解き方 両辺を比べると，銅 Cu は電子を 2 つ放出し，銀イオン Ag^+ はその電子を受け取っている。よって電子の授受が過不足なく行われるのは以下のようなときである。

$$Cu + 2Ag^+ \longrightarrow Cu^{2+} + 2Ag$$

答 $Cu + 2Ag^+ \longrightarrow Cu^{2+} + 2Ag$

教科書 p.99 問 14

(1) エタノール C_2H_6O 4.6 g を完全燃焼させると，二酸化炭素と水はそれぞれ何 g 生成するか。（原子量：H＝1.0，C＝12，O＝16）

(2) 2.0 mol/L の塩酸 HCl 10 mL に，最大何 g の亜鉛 Zn を溶かすことができるか。このとき，標準状態で何 L の水素 H_2 が発生するか。（原子量：Zn＝65）

ポイント 両辺の電荷が等しくなるよう整数の係数をつける。

解き方 (1) エタノールの完全燃焼を表す化学反応式は，

$$C_2H_6O + 3O_2 \longrightarrow 2CO_2 + 3H_2O$$

C_2H_6O のモル質量は 46 g/mol なので，4.6 g の物質量は，

$$\frac{4.6\text{ g}}{46\text{ g/mol}}=0.10\text{ mol}$$

反応式の係数比が $C_2H_6O:CO_2:H_2O=1:2:3$ なので，生じるCO_2と H_2O の物質量はそれぞれ，

$CO_2:0.10\text{ mol}\times2=0.20\text{ mol}$　$H_2O:0.10\text{ mol}\times3=0.30\text{ mol}$

CO_2 のモル質量は 44 g/mol なので，0.20 mol の質量は，

$$44\text{ g/mol}\times0.20\text{ mol}=8.8\text{ g}$$

H_2O のモル質量は 18 g/mol なので，0.30 mol の質量は，

$$18\text{ g/mol}\times0.30\text{ mol}=5.4\text{ g}$$

(2) 塩酸に亜鉛が溶ける化学反応の反応式は，

$$2HCl + Zn \longrightarrow ZnCl_2 + H_2$$

2.0 mol/L 塩酸 10 ml に含まれる塩化水素は 0.020 mol で，そこに溶かせる亜鉛 Zn は 0.010 mol。亜鉛の原子量は 65 だから，亜鉛 0.010 mol の質量は 0.65 g。このとき発生する水素 H_2 は 0.010 mol であり，その体積は標準状態で $(22.4\text{ L/mol}\times0.01\text{ mol}≒)0.22\text{ L}$ である。

答 (1) 二酸化炭素：8.8 g　水：5.4 g

(2) 亜鉛の質量：0.65 g　水素の体積：0.22 L

教科書 p.104

章末確認問題のガイド

章末確認問題のガイド　1章

❶ 次の文章中の（　）に当てはまる語や数を答えよ。

　原子はそれぞれ固有の質量をもつが，その値は極めて（①）いので，$6.0×10^{23}$個の原子をひとかたまりに考える。この数字を（②）という。このひとかたまりの質量数 12 の炭素原子は（③）g になり，^{12}C 原子の相対質量にほぼ一致する。

　$6.0×10^{23}$ 個の粒子の集団を（④）という。このように，粒子の個数で表した物質の量を（⑤）という。また，物質 1 mol あたりの質量を（⑥）といい，原子量・（⑦）・式量の数値に単位 g/mol をつけて表す。また，気体 1 mol の体積は，0℃，$1.013×10^5$ Pa の状態では，（⑧）L となる。

答 ① 小さ　② アボガドロ数　③ 12　④ 1 モル（1 mol）
　　⑤ 物質量　⑥ モル質量　⑦ 分子量　⑧ 22.4

❷ アンモニア NH_3 について，次の各問いに答えよ。（原子量：H=1.0, N=14）
（1）アンモニア 0.20 mol の質量は何 g か。
（2）アンモニア 51 g の物質量は何 mol か。
（3）$1.5×10^{22}$ 個のアンモニア分子の体積は，標準状態で何 L か。
（4）アンモニア分子 1 個の質量は何 g か。
（5）標準状態で 5.6 L の中に，アンモニア分子は何個含まれているか。また，この中に水素原子は何個含まれているか。

ポイント　物質量〔mol〕$=\dfrac{粒子の数}{6.0×10^{23}/mol}=\dfrac{物質の質量〔g〕}{モル質量〔g/mol〕}$
$=\dfrac{標準状態での気体の体積〔L〕}{22.4 L/mol}$

解き方（1）NH_3 の分子量は（$14+1.0×3=$）17 なので，モル質量は 17 g/mol である。したがって，その 0.20 mol の質量は，0.20 mol×17 g/mol=3.4 g
（2）$\dfrac{51 g}{17 g/mol}=3.0$ mol
（3）$1.5×10^{22}$ 個の NH_3 分子の物質量は，$\dfrac{1.5×10^{22}}{6.0×10^{23}/mol}=0.025$ mol

標準状態における気体のモル体積は 22.4 L/mol なので，0.025 mol の体積は，0.025 mol×22.4 L/mol＝0.56 L

(4)　$6.0×10^{23}$ 個の NH_3 分子の質量が 17 g なので，分子 1 個では，

$$\frac{17\,g}{6.0×10^{23}}=2.83\cdots×10^{-23}\,g≒2.8×10^{-23}\,g$$

(5)　標準状態で 5.6 L の NH_3 の物質量は，$\dfrac{5.6\,L}{22.4\,L/mol}=0.25\,mol$

したがって，分子の数は，$0.25\,mol×6.0×10^{23}/mol=1.5×10^{23}$

NH_3 分子 1 個には，H 原子が 3 個含まれるから，H 原子の数は，

$1.5×10^{23}×3=4.5×10^{23}$

答　(1)　**3.4 g**　　(2)　**3.0 mol**　　(3)　**0.56 L**　　(4)　**$2.8×10^{-23}$ g**

(5)　**アンモニア分子：$1.5×10^{23}$ 個，水素原子：$4.5×10^{23}$ 個**

---

❸ 次の各問いに答えよ。

(1)　標準状態で，密度 2.5 g/L である気体の分子量を求めよ。

(2)　標準状態で，ある気体 1.4 L の質量を測定すると 4.0 g であった。この気体の分子量を求めよ。

ポイント　気体の分子量は，標準状態で 22.4 L を占める気体（＝1 mol の気体）の質量から求めることができる。

解き方　(1)　標準状態で，この気体 22.4 L の質量は，2.5 g/L×22.4 L＝56 g よって，分子量は 56

(2)　標準状態で，この気体 22.4 L の質量は，$4.0\,g×\dfrac{22.4\,L}{1.4\,L}=64\,g$

よって，分子量は 64

答　(1)　**56**　　(2)　**64**

---

❹ 水酸化ナトリウム NaOH 水溶液について，次の各問いに答えよ。（原子量：H＝1.0，O＝16，Na＝23）

(1)　2.0 g の水酸化ナトリウムを水に溶かして 100 mL とした水溶液のモル濃度は何 mol/L か。

(2)　1.0 mol/L の水酸化ナトリウム水溶液 100 mL 中に含まれる水酸化ナトリウムは何 g か。

ポイント モル濃度$[mol/L]=\dfrac{溶質の物質量[mol]}{溶液の体積[L]}$

解き方 (1)　NaOH の式量は$(23+16+1.0=)40$なので，モル質量は$40\,g/mol$である。したがって，その$2.0\,g$の物質量は，$\dfrac{2.0\,g}{40\,g/mol}=0.050\,mol$

　　　　$100\,mL(=0.100\,L)$の溶液中に$0.050\,mol$の NaOH が溶けているので，モル濃度は，$\dfrac{0.050\,mol}{0.100\,L}=0.50\,mol/L$

(2)　溶質の物質量$[mol]=$モル濃度$[mol/L]\times$溶液の体積$[L]$より，水溶液中に含まれる NaOH の物質量は，$1.0\,mol/L\times0.100\,L=0.10\,mol$

　　　NaOH のモル質量は$40\,g/mol$なので，その質量は，

　　　$0.10\,mol\times40\,g/mol=4.0\,g$

答 (1)　**0.50 mol/L**　　(2)　**4.0 g**

---

❺ 次の化学反応式の$\boxed{}$に係数を入れて，化学反応式を完成させよ。（ただし，係数の 1 も記入せよ。）

(1)　$\boxed{}H_2S + \boxed{}SO_2 \longrightarrow \boxed{}S + \boxed{}H_2O$

(2)　$\boxed{}NH_3 + \boxed{}O_2 \longrightarrow \boxed{}NO + \boxed{}H_2O$

ポイント 化学反応式では，各原子の数が両辺で等しくなるように，最も簡単な整数比で係数をつける。

解き方 (1)　SO_2の係数を 1 とすると，左辺の O 原子の数は$(1\times2=)\,2$なので，右辺のH_2Oの係数が決まる。

　　　　$H_2S + \boxed{1}SO_2 \longrightarrow S + \boxed{2}H_2O$

　　　右辺の H 原子の数は$(2\times2=)\,4$なので，左辺のH_2Sの係数が決まる。

　　　　$\boxed{2}H_2S + 1SO_2 \longrightarrow S + \boxed{2}H_2O$

　　　左辺の S 原子の数は$(2\times1+1=)\,3$なので，右辺の S の係数が決まる。

　　　　$\boxed{2}H_2S + \boxed{1}SO_2 \longrightarrow \boxed{3}S + 2H_2O$

(2)　NH_3の係数を 1 とすると，左辺の N 原子の数は$(1\times1=)\,1$なので，右辺の NO の係数が決まる。

　　　　$\boxed{1}NH_3 + O_2 \longrightarrow \boxed{1}NO + H_2O$

　　　左辺の H 原子の数は$(1\times3=)\,3$なので，右辺のH_2Oの係数が決まる。

$$1\,NH_3 + O_2 \longrightarrow 1\,NO + \frac{3}{2}H_2O$$

右辺のO原子の数は $\left(1+\frac{3}{2}=\right)\frac{5}{2}$ なので，左辺の O_2 の係数が決まる。

$$1\,NH_3 + \frac{5}{4}O_2 \longrightarrow 1\,NO + \frac{3}{2}H_2O$$

最後に，式の両辺を4倍して分母を払うと，化学反応式ができる。

答 (1)　$2H_2S + 1SO_2 \longrightarrow 3S + 2H_2O$

(2)　$4NH_3 + 5O_2 \longrightarrow 4NO + 6H_2O$

---

❻ プロパン C_3H_8 11 g を完全燃焼させた。次の各問いに答えよ。(原子量：H
=1.0，C=12，O=16)

(1)　この化学反応を化学反応式で表せ。

(2)　生成した二酸化炭素の体積は，標準状態で何Lか。

(3)　生成した水の質量は何gか。

(4)　燃焼に必要な酸素の体積は，標準状態で何Lか。

ポイント　化学反応式の係数の比は，各物質の物質量の比に等しい。

解き方 (1)　プロパン C_3H_8 が酸素 O_2 と反応して，二酸化炭素 CO_2 と水 H_2O が
生成する。C_3H_8 の係数を1とおいて，各原子の数を合わせる。

(2)　C_3H_8 の分子量は44なので，モル質量は 44 g/mol である。したがっ
て，11 g の物質量は，$\dfrac{11\,g}{44\,g/mol}=0.25\,mol$

反応式の係数比が $C_3H_8:CO_2=1:3$ なので，生成した CO_2 の物質
量は，$0.25\,mol\times3=0.75\,mol$

標準状態での気体のモル体積は 22.4 L/mol なので，その体積は，

$0.75\,mol\times22.4\,L/mol=16.8\,L\fallingdotseq17\,L$

(3)　反応式の係数比が $C_3H_8:H_2O=1:4$ なので，生成した H_2O の物質
量は，$0.25\,mol\times4=1.0\,mol$　　H_2O の式量は18なので，モル質量は
18 g/mol である。したがって，その質量は，$1.0\,mol\times18\,g/mol=18\,g$

(4)　反応式の係数比が $O_2:CO_2=5:3$ なので，必要な O_2 の体積は，

$16.8\,L\times\dfrac{5}{3}=28.0\,L\,(=28\,L)$

答 (1)　$C_3H_8 + 5O_2 \longrightarrow 3CO_2 + 4H_2O$
(2)　**17 L**　　(3)　**18 g**　　(4)　**28 L**

❼ 標準状態において，ドライアイスが気体に変わると，体積は何倍になるか。整数値で答えよ。ただし，ドライアイスの密度は $1.6\,\text{g/cm}^3$ とする。
（原子量：C＝12，O＝16）

ポイント CO_2 **1 mol について考える。**

解き方 CO_2 のモル質量は$(12+16\times2=)44\,\text{g/mol}$ である。ゆえに，CO_2 1 mol 分のドライアイスの質量は44 gで，その体積は，$\dfrac{44\,\text{g}}{1.6\,\text{g/cm}^3}=27.5\,\text{cm}^3$

気体 1 mol の標準状態における体積は 22.4 L であるため，

$$\dfrac{22.4\,\text{L}}{2.75\times10^{-2}\,\text{L}}=814.54\cdots \qquad よって，8.1\times10^2\text{倍}$$

答 8.1×10^2 倍

❽ 酸素中で放電を行うと，酸素の一部がオゾンに変化する。この変化を化学反応式で表すと次のようになる。
　　$3O_2 \longrightarrow 2O_3$
標準状態で，200 mL の酸素がある。放電によって，その一部をオゾンに変化させたところ，全体の体積が185 mL になった。生成したオゾンの体積は標準状態で何 mL か。ただし，反応の前後で温度と圧力は変わらないものとする。

ポイント **同温同圧下の一定の体積の気体に含まれる物質量は変わらない。**

解き方 酸素 O_2 がオゾン O_3 に変化することによって分子の数が変化する。同温同圧で同体積の気体に含まれる分子の数は等しいから，標準状態で 200 mL の気体の体積が 185 mL になったのは，酸素がオゾンに変化したためである。

ここで，オゾンに変化した酸素の体積を $3x\,\text{[mL]}$ とすると，生成したオゾンの体積は $2x\,\text{[mL]}$ と表せる。したがって，標準状態で反応後の気体の体積は次の式のように表せる。

$$(200 \text{ mL}-3x)+2x=185 \text{ mL}$$

$$x=15 \text{ mL}$$

よって，生成したオゾンの体積は，

$$2x=2\times15 \text{ mL}=30 \text{ mL}$$

答 **30 mL**

---

❾ 下のグラフは，ある濃度の希硫酸 20.0 mL に質量の異なるマグネシウムを反応させたときに発生する水素の体積(標準状態)を示したものである。グラフのA点において，反応したマグネシウムの質量は何 g か。また，反応に用いた希硫酸のモル濃度は何 mol/L か。(原子量：Mg＝24)

$$Mg \ + \ H_2SO_4 \ \longrightarrow \ MgSO_4 \ + \ H_2$$

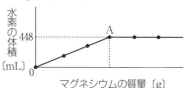

ポイント グラフが右上がりから水平に変わる A 点が，マグネシウムと希硫酸が過不足なく反応しているときを表している。

解き方 標準状態で 448 mL(＝0.448 L)を占める水素 H_2 の物質量は，

$$\frac{0.448 \text{ L}}{22.4 \text{ L/mol}}=0.0200 \text{ mol}$$

反応式の係数比が Mg：H_2＝1：1 なので，反応した Mg の物質量も 0.0200 mol である。Mg の原子量は 24 なので，モル質量は 24 g/mol であるから，その質量は，

$$0.0200 \text{ mol}\times24 \text{ g/mol}=0.48 \text{ g}$$

また，反応式の係数比が H_2SO_4：H_2＝1：1 なので，反応したH_2SO_4 の物質量も 0.0200 mol である。希硫酸 20.0 mL(＝0.0200 L)中に H_2SO_4 が 0.0200 mol 含まれることから，そのモル濃度は，

$$\frac{0.0200 \text{ mol}}{0.0200 \text{ L}}=1.00 \text{ mol/L} \quad \text{よって，} 1.0 \text{ mol/L}$$

答 マグネシウムの質量：**0.48 g**，希硫酸のモル濃度：**1.0 mol/L**

2章　酸と塩基

教科書の整理

①節 酸と塩基

教科書 p.106～111

A 酸と塩基の性質

①**酸の性質**　酸とは塩酸 HCl, 硝酸 HNO_3, 硫酸 H_2SO_4 など, 水溶液が以下のような共通の性質を示す物質である。

・薄い水溶液は酸味を示す。

・亜鉛 Zn やマグネシウム Mg などの金属を溶かし, 水素 H_2 を発生させる。

・青色リトマス紙を赤色に変え, BTB 溶液を黄色に変える。

・塩基と反応し, 塩基性を打ち消す。

これらの性質を, **酸性**と呼ぶ。

②**塩基の性質**　塩基とは水酸化ナトリウム NaOH や水酸化カルシウム $Ca(OH)_2$ など, 水溶液が以下のような共通の性質を示す物質である。

・薄い水溶液は苦味があり, 手につくとぬるぬるする。

・赤色リトマス紙を青色に変え, BTB 溶液を青色に変える。

・フェノールフタレイン溶液を赤色に変える。

・酸と反応し, 酸性を打ち消す。

これらの性質を**塩基性**と呼ぶ。

B 酸と塩基の定義

・**アレニウスの定義**　酸とは, 水に溶けて水素イオン H^+ を生じる物質であり, 塩基とは, 水に溶けて水酸化物イオン OH^- を生じる物質である。

①**酸と水素イオン**　酸は水中で電離し水素イオン H^+ を生じる。

例 塩酸　$HCl \longrightarrow H^+ + Cl^-$

硫酸　$H_2SO_4 \longrightarrow 2H^+ + SO_4^{2-}$

酢酸　$CH_3COOH \rightleftharpoons CH_3COO^- + H^+$

水素イオン H^+ は, 水溶液中では水分子 H_2O と配位結合し, オキソニウムイオン H_3O^+ として存在している。

> **もっと詳しく**
> 塩酸は塩化水素 HCl の水溶液である。

> **もっと詳しく**
> 水酸化カルシウムの水溶液(上澄み液)を石灰水という。

> **ここに注意**
> 水に溶けやすい塩基をアルカリともいう。

②**塩基と水酸化物イオン**　塩基は水溶液中で電離し水酸化物イオン OH^- を生じる。

例 水酸化ナトリウム　$NaOH \longrightarrow Na^+ + OH^-$

　　水酸化カルシウム　$Ca(OH)_2 \longrightarrow Ca^{2+} + 2OH^-$

テストに出る
> アンモニア NH_3 は分子中に水酸化物イオン OH^- となる OH をもたないが、水と反応して OH^- を生じるので、塩基である。
> $$NH_3 + H_2O \rightleftharpoons NH_4^+ + OH^-$$

C 広い意味の酸・塩基

①**ブレンステッドとローリーによる酸・塩基の定義**　酸とは、水素イオン H^+ を与える分子、イオンであり、塩基とは、水素イオン H^+ を受け取る分子、イオンである。

例
$$\overset{H^+}{HCl} + NH_3 \longrightarrow NH_4Cl$$
酸　　塩基

$$HCl + H_2O \longrightarrow Cl^- + H_3O^+$$
酸　　塩基

$$NH_3 + H_2O \rightleftharpoons NH_4^+ + OH^-$$
塩基　酸　　　酸　　塩基

D 酸と塩基の価数

・**酸の価数**　酸1分子が放出できる水素イオン H^+ の数。
・**塩基の価数**　塩基の化学式中で、電離して水酸化物イオン OH^- となることができる OH の数または、受け取ることができる H^+ の数。

価数による酸の分類

価数	物質名	化学式
1価	塩酸 硝酸 酢酸	HCl HNO_3 CH_3COOH
2価	硫酸 炭酸※ シュウ酸	H_2SO_4 H_2CO_3 $(COOH)_2$
3価	リン酸	H_3PO_4

価数による塩基の分類

価数	物質名	化学式
1価	水酸化ナトリウム 水酸化カリウム アンモニア	$NaOH$ KOH NH_3
2価	水酸化マグネシウム 水酸化カルシウム 水酸化バリウム	$Mg(OH)_2$ $Ca(OH)_2$ $Ba(OH)_2$
3価	水酸化アルミニウム	$Al(OH)_3$

※炭酸は CO_2+H_2O で生成する化合物で、水溶液中でだけ分子が存在する。

もっと詳しく
$\rightleftharpoons$ は、与えられた条件によって、反応が右向きと左向きのどちらにも進む状態にあることを示している。

ここに注意
ブレンステッド・ローリーの定義では、同じ物質でも反応の相手によって酸としてはたらいたり、塩基としてはたらいたりする。

E 酸と塩基の強弱

- **強酸**　水溶液中でほぼ完全に電離している酸。
- **強塩基**　水溶液中でほぼ完全に電離している塩基。
- **弱酸**　水溶液中で一部だけが電離している酸。
- **弱塩基**　水溶液中で一部だけが電離している塩基。

> **⚠ここに注意**
> 酸・塩基の強弱は，その価数の大小とは無関係である。

価数と強弱による酸の分類

価数	強酸	弱酸
1価	塩酸 HCl 硝酸 HNO_3	酢酸 CH_3COOH
2価	硫酸 H_2SO_4	炭酸 H_2CO_3 硫化水素 H_2S シュウ酸 $(COOH)_2$※
3価		リン酸 H_3PO_4※

※シュウ酸$(COOH)_2$やリン酸H_3PO_4は，弱酸のなかでは比較的酸性が強い。シュウ酸は$H_2C_2O_4$とも書く。

価数と強弱による塩基の分類

価数	強塩基	弱塩基
1価	水酸化ナトリウム NaOH 水酸化カリウム KOH	アンモニア NH_3
2価	水酸化カルシウム $Ca(OH)_2$ 水酸化バリウム $Ba(OH)_2$	水酸化マグネシウム $Mg(OH)_2$ 水酸化銅(Ⅱ) $Cu(OH)_2$
3価		水酸化アルミニウム $Al(OH)_3$

> **もっと詳しく**
> 水酸化マグネシウム，水酸化銅(Ⅱ)などのように，水に溶けにくい塩基は弱塩基である。

⑤**電離度**　酸や塩基などが水溶液中で電離している割合。

> **■ 重要公式**
> 電離度 $\alpha = \dfrac{\text{電離した酸(塩基)の物質量〔mol〕(またはモル濃度)}}{\text{溶解した酸(塩基)の物質量〔mol〕(またはモル濃度)}}$　$(0<\alpha\leqq1)$

- 強酸・強塩基の電離度はほぼ1である$(\alpha\fallingdotseq1)$。
- 弱酸・弱塩基の電離度は1よりもかなり小さい$(\alpha\ll1)$。

⑥**多段階の電離**　2価，3価の酸では，電離は段階的に進む。

例 $H_3PO_4\rightleftarrows H^++H_2PO_4^-$，$H_2PO_4^-\rightleftarrows H^++HPO_4^{2-}$，$HPO_4^{2-}\rightleftarrows H^++PO_4^{3-}$

②節 水素イオン濃度と pH　教科書 p.112〜119

A 水素イオン濃度

①**水の電離**　水 H_2O は分子の一部が次のように電離しており，わずかに電気伝導性を示す。　$H_2O \rightleftarrows H^+ + OH^-$

- ・**水素イオン濃度** 水素イオン H^+ のモル濃度。$[H^+]$で表す。
- ・**水酸化物イオン濃度** 水酸化物イオン OH^- のモル濃度。$[OH^-]$で表す。

  純水では$[H^+]=[OH^-]$の関係が成り立ち，特に 25℃ では$[H^+]=[OH^-]=1.0\times10^{-7}\,mol/L$ である。

②**酸性・塩基性と水素イオン濃度との関係**

- ・酸性の水溶液　：$[H^+]>1.0\times10^{-7}\,mol/L>[OH^-]$
- ・中性の水溶液　：$[H^+]=[OH^-]=1.0\times10^{-7}\,mol/L$
- ・塩基性の水溶液：$[H^+]<1.0\times10^{-7}\,mol/L<[OH^-]$

③**水素イオン濃度の求め方** 1価の酸の水素イオン濃度$[H^+]$は，電離度を用いて，一般に次の式で求められる。

$$[H^+]=酸のモル濃度\times電離度$$

④**水酸化物イオン濃度の求め方** 酸と同様に，1価の塩基の水酸化物イオン濃度$[OH^-]$は，一般に次の式で求められる。

$$[OH^-]=塩基のモル濃度\times電離度$$

B 水素イオン濃度とpH

① **pH（水素イオン指数）** 水溶液の酸性や塩基性の強弱を表す数値。 $[H^+]=1.0\times10^{-n}\,mol/L$ のとき，$pH=n$

- ・**酸性・中性・塩基性と pH**
  - ・酸性の水溶液：pH<7 で，酸性が強い水溶液ほど pH は小さい。
  - ・中性の水溶液：pH=7
  - ・塩基性の水溶液：pH>7 で，塩基性が強い水溶液ほど pH は大きい。

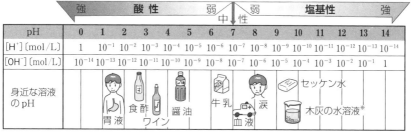

	強　　**酸　性**　　弱						弱　**塩基性**　強							
pH	0	1	2	3	4	5	6	7	8	9	10	11	12	13	14
$[H^+]$〔mol/L〕	1	10^{-1}	10^{-2}	10^{-3}	10^{-4}	10^{-5}	10^{-6}	10^{-7}	10^{-8}	10^{-9}	10^{-10}	10^{-11}	10^{-12}	10^{-13}	10^{-14}
$[OH^-]$〔mol/L〕	10^{-14}	10^{-13}	10^{-12}	10^{-11}	10^{-10}	10^{-9}	10^{-8}	10^{-7}	10^{-6}	10^{-5}	10^{-4}	10^{-3}	10^{-2}	10^{-1}	1
身近な溶液のpH			胃液	食酢　ワイン	醤油		牛乳	血液　涙		セッケン水　木灰の水溶液※					

pH と $[H^+]$, $[OH^-]$ の関係(25℃) 　※木灰は成分によって一定ではない。

教科書の整理　2章

教科書
p.115 発展 水のイオン積

　温度が一定であれば，水溶液中の水素イオン濃度[H$^+$]と水酸化物イオン濃度[OH$^-$]の積は一定の値になる。この値を**水のイオン積**といい，記号 K_w で表す。

・25℃のとき，$K_w = 1.0 \times 10^{-14}(\text{mol/L})^2$ である。

$$K_w = [\text{H}^+] \times [\text{OH}^-] = 1.0 \times 10^{-14}(\text{mol/L})^2$$

・[H$^+$]と[OH$^-$]の一方がわかれば，もう一方を計算で求めることができる。たとえば，[H$^+$] $= 1.0 \times 10^{-2}$ mol/L の水溶液の[OH$^-$]は，

$$[\text{OH}^-] = \frac{K_w}{[\text{H}^+]} = \frac{1.0 \times 10^{-14}(\text{mol/L})^2}{1.0 \times 10^{-2}\ \text{mol/L}}$$
$$= 1.0 \times 10^{-12}\ \text{mol/L}$$

②**希釈による pH の変化**

・強酸の水溶液を 10 倍に希釈すると，[H$^+$]が $\dfrac{1}{10}$ 倍になるので，pH が 1 大きくなる。

・強塩基性の水溶液を 10 倍に希釈すると，[OH$^-$]が $\dfrac{1}{10}$ 倍になるので，[H$^+$]が 10 倍になり，pH が 1 小さくなる。

⚠**ここに注意**

　酸性の水溶液をどんなに希釈しても pH が 7 より大きくなることはない。同様に，塩基性の水溶液をどんなに希釈しても pH が 7 より小さくなることはない。

C pH指示薬とpHの測定

・**pH 指示薬**　水溶液の pH に応じて特有の色を示す試薬のこと。**指示薬，酸塩基指示薬**ともいう。

　例 メチルオレンジ(MO)，フェノールフタレイン(PP)，ブロモチモールブルー(BTB)

・**変色域**　指示薬の色が変化する pH の範囲。

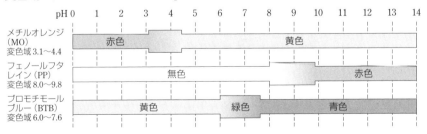

pH 指示薬の変色のようす

　指示薬の他にも，以下のものを使って水溶液の pH を測定することができる。

・**万能 pH 試験紙**　おおよその pH の値を知ることができる。

・**pH メーター**　水溶液の正確な pH の値を測定できる。

①**身のまわりの物質の pH**

　身のまわりの物質やヒトの体内の溶液の pH は，教科書 p.117 の図 10 に示されるような，めやすとなる値がある。胃液は強い酸性を示し，汗やだ液は弱酸性，血液や涙は弱塩基性である。

教科書 p.118 **コラム**　**身近な酸性物質〜酸性雨〜**

　雨水には大気中の二酸化炭素 CO_2 が溶けこんでおり，弱酸性を示す。CO_2 が飽和している場合の水溶液の pH は 5.7 程度なので，雨水が CO_2 で飽和した場合でも pH は 5.7 程度である。

　ところが，空気中に二酸化硫黄 SO_2 などの硫黄酸化物や，一酸化窒素 NO や二酸化窒素 NO_2 などの窒素酸化物が存在すると，これらの一部が空気中の酸素 O_2 や水 H_2O と反応して，硫酸 H_2SO_4 や硝酸 HNO_3 になる。これらが雨水に溶けこむなどして pH が 5.6 以下になったものを，**酸性雨**という。

---

❸節 中和反応と塩の生成　　教科書 p.120〜123

A　中和反応と塩の生成

・**中和**　酸と塩基が互いの性質を打ち消し合うこと。

・**中和反応**　酸と塩基が互いの性質を打ち消し合う反応。

　例 塩酸 HCl と水酸化ナトリウム NaOH 水溶液の中和反応

$$HCl + NaOH \longrightarrow NaCl + H_2O$$

　中和は，酸から生じる水素イオン H^+ と塩基から生じる水酸化物イオン OH^- が結合し，水 H_2O が生成する反応であるといえる。

$$H^+ + OH^- \longrightarrow H_2O$$

　酸と塩基が過不足なく反応して中和点に達した水溶液は，必ずしも中性になるとは限らない。

⚠️ここに注意

　中和反応でも，OH⁻ を含まない塩基が反応する場合は，H_2O を生じない。

[例]　塩化水素 HCl とアンモニア NH_3 の中和反応

$$HCl + NH_3 \longrightarrow NH_4Cl$$

・**塩**　中和反応において，水とともに生成する物質。塩基の陽イオンと酸の陰イオンからなるイオン結合性の物質である。

　・中和反応は次のようにまとめられる。

　　酸 ＋ 塩基 ⟶ 塩 ＋ 水

B　塩の種類

・**正塩**：酸のHも塩基の OH も残っていない塩。

[例]塩化ナトリウム NaCl，塩化アンモニウム NH_4Cl

・**酸性塩**：酸のHが残っている塩。

[例]炭酸水素ナトリウム $NaHCO_3$

・**塩基性塩**：塩基の OH が残っている塩。

[例]塩化水酸化マグネシウム $MgCl(OH)$，硫酸水素ナトリウム $NaHSO_4$

　以上の分類は，塩の水溶液の性質とは必ずしも一致しない。一般に，正塩の水溶液の性質は，塩のもとになった酸と塩基の強弱によって決まる。

・強酸と強塩基からできる塩：中性

・強酸と弱塩基からできる塩：酸性

・弱酸と強塩基からできる塩：塩基性

・弱酸と弱塩基からできる塩：一概には決められない。

正塩の生成とその水溶液の性質

	塩のもとになった酸・塩基		できる正塩	水溶液の性質
強酸＋強塩基	HCl	NaOH	NaCl	中性
	H_2SO_4	NaOH	Na_2SO_4	
強酸＋弱塩基	HCl	NH_3	NH_4Cl	酸性
	H_2SO_4	NH_3	$(NH_4)_2SO_4$	
弱酸＋強塩基	H_2CO_3	NaOH	Na_2CO_3	塩基性
	CH_3COOH	NaOH	CH_3COONa	

もっと詳しく

硫酸水素ナトリウム $NaHSO_4$ と炭酸水素ナトリウム $NaHCO_3$ はどちらも酸性塩であるが，$NaHSO_4$ の水溶液は酸性を示し，$NaHCO_3$ の水溶液は塩基性を示す。

教科書 p.123　発展　塩の加水分解

酢酸ナトリウム CH_3COONa は，水溶液中で CH_3COO^- と Na^+ に電離している。しかし，酢酸 CH_3COOH は弱酸で電離度が小さいため，CH_3COO^- の一部は水 H_2O と反応して CH_3COOH になる。このとき，水酸化物イオン OH^- が生じるので，CH_3COONa の水溶液は塩基性を示す。

$$CH_3COO^- + H_2O \rightleftharpoons CH_3COOH + OH^-$$

また，塩化アンモニウム NH_4Cl は，水溶液中で NH_4^+ と Cl^- に電離している。しかし，アンモニア NH_3 は弱塩基で電離度が小さいため，NH_4^+ は一部が H_2O と反応して NH_3 になる。このとき，オキソニウムイオン H_3O^+ が生じるので，NH_4Cl の水溶液は酸性を示す。

$$NH_4^+ + H_2O \rightleftharpoons NH_3 + H_3O^+$$

このように，弱酸や弱塩基から生じた塩が，水と反応してもとの弱酸や弱塩基を生じる変化を，**塩の加水分解**という。

①**弱酸の遊離**　弱酸の塩と強酸の反応→弱酸が遊離

例 $2CH_3COONa + H_2SO_4 \longrightarrow Na_2SO_4 + 2CH_3COOH$
　　弱酸の塩　　　強酸　　　強酸の塩　　　弱酸

②**弱塩基の遊離**　弱塩基の塩と強塩基の反応→弱塩基が遊離

例 $2NH_4Cl + Ca(OH)_2 \longrightarrow CaCl_2 + 2NH_3\uparrow + 2H_2O$
　弱塩基の塩　　強塩基　　　強塩基の塩　弱塩基

❹節 中和滴定　　教科書 p.124〜131

A 中和反応の量的関係

・**中和反応の量的関係**　中和反応は，酸から生じる水素イオン H^+ と塩基から生じる水酸化物イオン OH^- が結合し，水 H_2O が生成する反応であるといえる。したがって，酸と塩基が過不足なく中和する場合，H^+ の物質量と OH^- の物質量の間には，次の関係が成り立つ。

■ **重要公式**

酸から生じる H^+ の物質量＝塩基から生じる OH^- の物質量
（酸の価数×酸の物質量）　　（塩基の価数×塩基の物質量）

中和反応の量的関係は，酸や塩基の強弱には関係なく成り立つ。

・**中和の関係式**　濃度 c〔mol/L〕の a 価の酸 V〔mL〕と，濃度 c'〔mol/L〕の b 価の塩基 V'〔mL〕が過不足なく中和するとき，次の関係式が成り立つ。

■ **重要公式**

$$a \times c \times \frac{V}{1000} = b \times c' \times \frac{V'}{1000} \quad \text{または} \quad acV = bc'V'$$

B 中和滴定

・**標準溶液**　濃度が正確にわかっている酸や塩基の水溶液。
・**中和滴定**　中和反応の量的関係を利用して，濃度がわからない酸（または塩基）の濃度を，塩基（または酸）の標準溶液から求める操作。
・濃度がわからない酸（または塩基）の水溶液の中和点の pH 変化の範囲に変化域をもつ適切な指示薬を加えておき，その色の変化によって中和点を知る。

例　シュウ酸 $(COOH)_2$ の標準溶液から，濃度不明の水酸化ナトリウム NaOH 水溶液の濃度を求める。

① ホールピペットでシュウ酸の標準溶液を一定体積はかり取る。コニカルビーカーに移し，フェノールフタレイン溶液を加える。

② ビュレットに水酸化ナトリウム水溶液を入れ，先まで液を満たす。このときのビュレットの目盛りを読む。

③ コニカルビーカーをよく振り混ぜながら，水酸化ナトリウム水溶液を滴下していく。

④ フェノールフタレイン溶液が薄い赤色になったら（赤色が消えてなくなったら），滴下をやめる（**終点**）。このときのビュレットの目盛りを読む。

⑤ ②と④で読んだ値から，滴下した水酸化ナトリウム水溶液の体積を求め，中和の関係式を使って水酸化ナトリウム水溶液の濃度を計算する。

⚠️ **ここに注意**
どちらをコニカルビーカーに入れるかは，滴定に用いる酸・塩基の組み合わせで決めることが多い。

⚠️ **ここに注意**
ビュレットの目盛りは，液面の底の数値を目分量で最小目盛の $\frac{1}{10}$ まで読み取る。

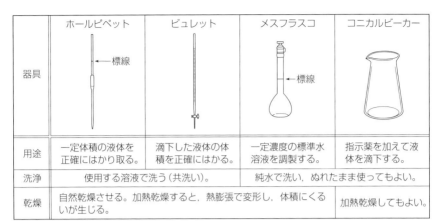

器具	ホールピペット	ビュレット	メスフラスコ	コニカルビーカー
用途	一定体積の液体を正確にはかり取る。	滴下した液体の体積を正確にはかる。	一定濃度の標準水溶液を調製する。	指示薬を加えて液体を滴下する。
洗浄	使用する溶液で洗う（共洗い）。		純水で洗い，ぬれたまま使ってもよい。	
乾燥	自然乾燥させる。加熱乾燥すると，熱膨張で変形し，体積にくるいが生じる。			加熱乾燥してもよい。

中和滴定に使用する器具

教科書 p.128 **コラム　酸・塩基の標準溶液について**

　中和滴定の標準溶液に求められるのは，濃度の正確さである。硫酸 H_2SO_4 や塩酸 HCl，水酸化ナトリウム NaOH 水溶液は，次のような性質をもち，濃度が比較的容易に変化するため，標準溶液には適さない。

・H_2SO_4：空気中の水分を吸収しやすい（**吸湿性**）。

・HCl：溶質が蒸発しやすい（**揮発性**）。

・NaOH：結晶が空気中の水分を吸収して溶けやすく（**潮解性**），二酸化炭素とも反応しやすいため，正確な質量を測定できない。

　そこで，固体の状態でも安定で，高純度の結晶が得られるシュウ酸二水和物 $(COOH)_2 \cdot 2H_2O$ の水溶液が，酸の標準溶液としてよく用いられる。

　なお，水酸化ナトリウム水溶液を標準溶液として用いるときは，使用直前にシュウ酸水溶液で滴定し，正確な濃度を決定する。このような場合，シュウ酸水溶液を一次標準溶液，水酸化ナトリウム水溶液を二次標準溶液という。

C　滴定曲線

・**滴定曲線**　中和滴定に伴う水溶液の pH の変化を表した曲線。最初は pH が少しずつ変化する。

　中和点付近では，pH が急激に変化する（滴定曲線が横軸に対してほぼ垂直になる）。

　中和点を過ぎると，再び pH の変化がゆるやかになる。

①**強酸—強塩基**　中和点は中性（pH 7）なので，中和点の前後で pH がかなり大きく変化するので指示薬には，フェノール

もっと詳しく
中和点付近の急激な pH の変化を pH ジャンプと呼ぶ。

教科書の整理　2章

フタレインとメチルオレンジのどちらを用いてもよい。

②弱酸―強塩基　中和点は塩基性側にかたよるので，指示薬には，フェノールフタレインを用いる。

③強酸―弱塩基　中和点は酸性側にかたよるので，指示薬には，メチルオレンジを用いる。

④弱酸―弱塩基　中和点前後での pH の変化がわずかであるため，指示薬を使った滴定では中和点を調べることはできない。

👀もっと詳しく
中和点付近では滴定曲線がほぼ垂直なので，中和点と終点がほぼ一致する。

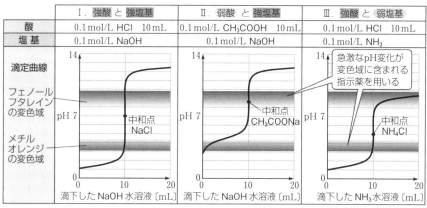

中和反応の滴定曲線

👀もっと詳しく

教科書 p.130 気づきラボ 21，表 8 の滴定曲線の例にある 0.100 mol/L 塩酸に 0.100 mol/L 水酸化ナトリウム水溶液を加えた場合について，pH の変化を考える。

塩酸 10.00 mL に水酸化ナトリウム水溶液 9.98 mL を加えたときの H^+ の物質量は，

$$1 \times 0.100\,\text{mol/L} \times \frac{10.00}{1000}\,\text{L} - 1 \times 0.100\,\text{mol/L} \times \frac{9.98}{1000}\,\text{L} = \frac{0.002}{1000}\,\text{mol} = 2.00 \times 10^{-6}\,\text{mol}$$

$$[H^+] = \frac{2.00 \times 10^{-6}\,\text{mol}}{\dfrac{10+9.98}{1000}\,\text{L}} \fallingdotseq 1.0 \times 10^{-4} \qquad \text{よって} \quad \text{pH}=4$$

塩酸 10.00 mL に水酸化ナトリウム水溶液 10.02 mL を加えたときの OH^- の物質量は，$1 \times 0.100\,\text{mol/L} \times \dfrac{10.02}{1000}\,\text{L} - 1 \times 0.100\,\text{mol/L} \times \dfrac{10.00}{1000}\,\text{L} = 2.00 \times 10^{-6}\,\text{mol}$

$$[OH^-] = \frac{2.00 \times 10^{-6}\,\text{mol}}{\dfrac{10+10.02}{1000}\,\text{L}} \fallingdotseq 1.0 \times 10^{-4} \quad \text{教科書 p.114 表 3 より，}\ [H^+]=1.0 \times 10^{-10}$$

よって，pH=10

水酸化ナトリウム水溶液の 1 滴ほどで，pH は 4 から 10 まで急変することになる。

気づきラボ・実験のガイド

教科書 p.106	気づきラボ	15. いろいろな水溶液の性質を調べよう

▍結果のガイド▍

　　塩酸，食酢は酸性，水酸化ナトリウム水溶液，水酸化カルシウム水溶液，アンモニア水は塩基性を示す。マグネシウムは酸と反応して水素を発生する。教科書 p.106，107 にまとめられた酸の性質，塩基の性質と結果を比べて確認しよう。また，水(純水)は中性であり，酸・塩基どちらの性質も示さない。

教科書 p.110	気づきラボ	16. 酸による電気伝導性と反応性の違いを調べよう

▍結果のガイド▍

・電球の明るさ：塩酸＞酢酸
・水素発生の激しさ：塩酸＞酢酸

　　強酸である塩酸は弱酸である酢酸よりも電離度が高く，水溶液中の H^+ の量が多く，水素イオン濃度が高くなるため，このような結果が得られる。

教科書 p.117	気づきラボ	17. 水溶液の pH を測定してみよう

▍結果のガイド▍

　　塩酸，水酸化ナトリウム水溶液はどちらも電離度がほぼ 1.0 である。

・0.1 mol/L の塩酸の$[H^+]$：$0.1 \, \text{mol/L} \times 1 \times 1.0 = 1.0 \times 10^{-1}$　よって pH は 1
　　酸を 10 倍ずつ希釈していくと，pH は 1 ずつ大きくなる。ただし，pH は 7 以上になることはない。

・0.1 mol/L の水酸化ナトリウム水溶液の$[OH^-]$：$0.1 \, \text{mol/L} \times 1 \times 1.0$ $= 1.0 \times 10^{-1}$　したがって，$[H^+] = 1.0 \times 10^{-13}$　よって　pH は 13
　　塩基を 10 倍ずつ希釈していくと，pH は 1 ずつ小さくなる。ただし，pH は 7 以下になることはない。

・強酸・強塩基の水溶液は，水で 10 倍，100 倍に薄めると水素イオン濃度・水酸化物イオン濃度が $\frac{1}{10}$ 倍，$\frac{1}{100}$ 倍になり，教科書 p.114 表 3 のように pH は 1 ずつ変化して 7 に近づく。よって，1000 倍に薄めると pH は 3 変化する。

教科書 p.119	気づきラボ	18. ムラサキキャベツ液を使って酸性, 塩基性の強弱を調べよう

▌操作のガイド▌

(1)の溝は，ムラサキキャベツ液 9 滴と 1 mol/L 水酸化ナトリウム水溶液 1 滴を混ぜて 10 滴になり 10 倍に薄めているから，$\frac{1}{10}$ 倍の濃度の 0.1 mol/L 水酸化ナトリウム水溶液となっている。(2)の溝は(1)の 0.1 mol/L 水酸化ナトリウム水溶液をさらに 10 倍に薄めているから，(1)の $\frac{1}{10}$ 倍の濃度の 0.01 mol/L 水酸化ナトリウム水溶液である。(3)の溝は(2)のさらに $\frac{1}{10}$ 倍の濃度の 0.001 mol/L 水酸化ナトリウム水溶液である。

以上のことから，(3)の溝は，(1)の溝の $\frac{1}{100}$ 倍の濃度である。

なお，(8)の溝は中性で，ムラサキキャベツ液は紫色である。

▌結果のガイド▌

ムラサキキャベツに含まれるアントシアニンという色素は，酸・塩基に反応して色が変化するが，その濃度により連続した色の変化が見られる。

酸　：濃度が小さくなるにつれて赤色から桃色へと変化する。

塩基：濃度が小さくなるにつれて，黄色から緑色，青色へと変化する。

教科書に例示された図と実験の結果を見比べて確認してみよう。pH で考えると，0.1 mol/L 水酸化ナトリウム水溶液は pH 13 だから，(1)～(4)は，それぞれpH 13～10 のときのムラサキキャベツ液の色と考えられる。0.1 mol/L 塩酸(塩化水素水溶液)は pH 1 だから，(9)～(12)は，それぞれ pH 1～4 のときのムラサキキャベツ液の色と考えられる。

弱塩基であるアンモニア水も(5)～(7)の順に $\frac{1}{10}$ 倍ずつの濃度になる。ムラサキキャベツ液の色を比較すると(5)と(3)はほぼ同じなので，(5)の 0.1 mol/L アンモニア水(NH_3 水溶液)は pH 11 であるが，10 倍，100 倍と薄めても pH が 1 ずつ変化するわけではないことがわかる。また，(13)と(11)はほぼ同じ色なので，(13)の 0.1 mol/L 酢酸水溶液は pH 3 であると考えられる。ムラサキキャベツ液を用いると，その色の変化から，水溶液のおよその pH がわかる。したがって，試薬が酸か塩基か，またその濃度が大きいか小さいかを調べることができる。

教科書 p.123 気づきラボ 19. 塩の水溶液の pH を調べよう

┃結果のガイド┃

　塩の種類の名称と塩の水溶液の性質は関係しない。酸性塩，塩基性塩の分類はその組成に酸の H，塩基の OH が残っているかどうかで決まるもので，水溶液が酸性，塩基性のいずれを示すかという液性とは関わりがない。正塩の水溶液の液性はもとの酸・塩基の強弱の組み合わせによって，弱酸性，中性，弱塩基性のいずれかになる。資料の $NaHCO_3$ 以外の5つは正塩で，教科書 p.111 表2に示されているもとの酸・塩基の強弱から，次のようになる。（　）内はそれぞれの水溶液のおよその pH の例である。

　　弱酸性：NH_4Cl（pH 5）

　　中性：$NaCl$（pH 7），Na_2SO_4（pH 7）

　　弱塩基性：CH_3COONa（pH 9），Na_2CO_3（pH 12）

$NaHCO_3$ は酸性塩だが，液性は非常に弱い塩基性（pH 8）である。

教科書 p.127 気づきラボ 20. シュウ酸水溶液を調製してみよう

┃操作のガイド┃

　0.0500 mol/L のシュウ酸水溶液をつくるのだから，❶の操作では1L中に物質量 0.0500 mol のシュウ酸分子が溶けた水溶液を調整することになる。試薬は固体のシュウ酸二水和物 $(COOH)_2 \cdot 2H_2O$（式量 126）で，100 mL メスフラスコを用いるから，必要なシュウ酸二水和物の質量は，

$$126 \text{ g/mol} \times 0.0500 \text{ mol/L} \times \frac{100}{1000} \text{ L} = 0.630 \text{ g}$$

シュウ酸二水和物が水に溶けて結晶中の水分子は溶媒の一部となる。

　❷の操作で，ガラス棒とビーカー内をすすいだ純水をメスフラスコに入れないと，ガラス棒やビーカーに付着したシュウ酸分子が失われて，調製した水溶液の濃度が小さくなってしまう。

┃考察のガイド┃

　中和滴定で用いる標準溶液の調整にはシュウ酸二水和物の結晶がよく用いられる。これは，高純度の結晶が得やすく，吸湿性・潮解性や揮発性がないため，結晶の質量が正確にはかり取れ，水溶液は濃度が変化しにくく，標準溶液として適しているからである。

教科書 p.128 🧪 **実験4** **食酢の濃度を調べる**

操作のガイド

準備　ホールピペットとビュレットは，共洗いをしてから用いる。そのほかのガラス器具は，内部が純水でぬれた状態で使ってもよい。

操作A　水酸化ナトリウムは潮解性をもち，空気中の二酸化炭素とも反応しやすい。そのため，結晶を正確にはかり取ることができず，正確な濃度の水酸化ナトリウム水溶液をつくることができない。そこで，直前に目的の濃度に近い水溶液をつくり，シュウ酸 $(COOH)_2$ 水溶液を標準溶液として滴定を行い，その濃度を決定する。

❶　シュウ酸二水和物 $(COOH)_2 \cdot 2H_2O$ のように，結晶中に水分子を含む物質を水和物といい，結晶中の水分子を結晶水(水和水)という。

　シュウ酸を溶かすのに用いたビーカーの内壁を純水ですすぎ，すすいだ液もメスフラスコに入れる操作を何回か行う。

❷　ホールピペットで液体を吸い上げるときは，安全ピペッターを使う。

　また，シュウ酸は弱酸，水酸化ナトリウムは強塩基なので，指示薬はフェノールフタレインが適している。

❸　誤差の影響を少なくするため，滴定を複数回(教科書では3回)行い，その平均値を水酸化ナトリウム水溶液の滴下量とする。

操作B ❷　酢酸は弱酸，水酸化ナトリウムは強塩基なので，指示薬はフェノールフタレインが適している。

❸　誤差の影響を少なくするため，滴定を複数回(教科書では3回)行い，その平均値を水酸化ナトリウム水溶液の滴下量とする。

結果のガイド

操作A の滴下量の平均値が v_A〔mL〕，**操作B** の滴下量の平均値が v_B〔mL〕であったとする。

❶　シュウ酸は2価の酸，水酸化ナトリウムは1価の塩基なので，中和の関係式より，水酸化ナトリウム水溶液のモル濃度 c'〔mol/L〕は，

$$2 \times 0.0500 \text{ mol/L} \times 10.0 \text{ mL} = 1 \times c' \text{〔mol/L〕} \times v_A \text{〔mL〕}$$

$$c' = \frac{1.00}{v_A} \text{〔mol/L〕}$$

❷　酢酸は1価の酸，水酸化ナトリウムは1価の塩基なので，中和の関係式より，薄めた水溶液中の酢酸のモル濃度 c〔mol/L〕は，

$$1 \times c \text{〔mol/L〕} \times 10.0 \text{ mL} = 1 \times \frac{1.00}{v_A} \text{〔mol/L〕} \times v_B \text{〔mL〕}$$

$$c = \frac{v_B}{10 v_A} \text{〔mol/L〕}$$

❸　10倍に薄めたので，食酢中の酢酸の濃度は❷で求めた濃度の10倍で，$\frac{v_B}{v_A}$〔mol/L〕である。

なお，❶〜❸について，ここでは v_A，v_B の文字の式で示しているが，実際の手順としては，実験で得られた数値を用いて計算し，求めた❶の濃度を二次標準液として❷の濃度を求める。❷の値を10倍して❸の濃度とするというように，実際の値を使って順に求めることになる。

┃考察のガイド┃

考察　❶　食酢の密度を 1.02 g/cm^3 とすると，食酢中の酢酸の質量パーセント濃度は何％になるか。これを食酢のラベルに表示された値と比べると，濃度が正しく求められたといえるか。

┃考察の例┃

❶　食酢が 1.00 L（＝1.00×10^3 cm^3）あると考える。

❸より，食酢 1.00 L 中の酢酸の物質量は，$\frac{v_B}{v_A}$〔mol〕である。

酢酸 CH_3COOH のモル質量は 60 g/mol なので，その質量は，

$$60 \text{ g/mol} \times \frac{v_B}{v_A} \text{〔mol〕} = \frac{60 v_B}{v_A} \text{〔g〕}$$

また，食酢 1.00 L の質量は，

$$1.02 \text{ g/cm}^3 \times 1.00 \times 10^3 \text{ cm}^3 = 1.02 \times 10^3 \text{ g}$$

したがって，食酢中の酢酸の質量パーセント濃度は，

> **計算力UP↑**
> 濃度を換算するときは，溶液が1Lあると考えて計算するとよい。

$$\frac{\dfrac{60 v_B}{v_A} \text{〔g〕}}{1.02 \times 10^3 \text{ g}} \times 100 = \frac{6000 v_B}{1.02 \times 10^3 v_A} \text{（％）}$$

まず，食酢 1.00 L 中に含まれる酢酸の質量を，v_A，v_B の実験値から求めて溶質の質量とする。また，食酢の密度から食酢 1.00 L の質量を求めて溶液の質量とする。これらから，質量パーセント濃度を求めてラベルに表示された値と比べる。

教科書 p.130	気づきラボ	21. 中和滴定に伴う pH の変化を測定しよう

┃結果のガイド┃

塩酸を水酸化ナトリウム水溶液で滴定

NaOH〔mL〕	0.00	2.50	5.00	9.00	9.40	9.60	9.80	9.90
pH	1.0	1.2	1.5	2.2	2.5	2.7	3.0	3.3
NaOH〔mL〕	10.00	10.10	10.20	10.40	10.60	11.00	12.50	15.00
pH	7.0	10.8	11.0	11.3	11.5	11.8	12.1	12.3

酢酸を水酸化ナトリウム水溶液で滴定

NaOH〔mL〕	0.00	2.50	5.00	9.00	9.40	9.60	9.80	9.90
pH	2.9	4.3	4.8	5.8	6.0	6.2	6.6	6.8
NaOH〔mL〕	10.00	10.10	10.20	10.40	10.60	11.00	12.50	15.00
pH	8.8	10.8	11.0	11.3	11.6	11.7	12.1	12.3

　滴下量(加えた水酸化ナトリウム水溶液の体積)と測定した pH の関係をグラフにプロットし，曲線で結ぶ。次のグラフは，滴下量を 30.00 mL まで広げたものを示した。

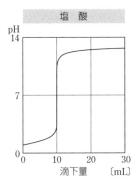

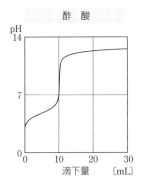

┃考察のガイド┃

　中和滴定に用いた溶液の濃度が正確であれば，それぞれ 10.00 mL のときが中和点になる。いずれも中和点付近で pH が急激に変化するが，その変化の大きさは塩酸のときの方が酢酸のときよりも大きい。塩酸のときは中和点の前後ではpH の変化が大きいが，酢酸のときは中和点の前に pH がゆるやかに変化している。また，塩酸のときは中和点での pH が7.0 で中性であるが，酢酸のときは中和点の pH が塩基性側に偏っている。

問いのガイド

教科書
p.108
問 1

次の酸，塩基が水に溶けて電離したときの変化を，イオン反応式で表せ。
(1) 硝酸 HNO_3　　(2) 水酸化バリウム $Ba(OH)_2$

ポイント 酸が電離すると水素イオン H^+，塩基が電離すると水酸化物イオン OH^- が生じる。

解き方 (1) 硝酸は，水溶液中では次のように電離して，オキソニウムイオンと硝酸イオンを生じる。　　$HNO_3 + H_2O \longrightarrow H_3O^+ + NO_3^-$
オキソニウムイオンを簡略化して水素イオンで表すと電離は次のように表される。　　$HNO_3 \longrightarrow H^+ + NO_3^-$

(2) 水酸化バリウムは水溶液中で電離し，バリウムイオンと水酸化物イオンを生じる。　　$Ba(OH)_2 \longrightarrow Ba^{2+} + 2OH^-$

答 (1) $HNO_3 \longrightarrow H^+ + NO_3^-$　　(2) $Ba(OH)_2 \longrightarrow Ba^{2+} + 2OH^-$

教科書
p.109
問 2

次のイオン反応式の右向きの反応において，水 H_2O はブレンステッド・ローリーの定義による酸，塩基のいずれかのはたらきをしているか。
(1) $CH_3COOH + H_2O \rightleftharpoons CH_3COO^- + H_3O^+$
(2) $CO_3^{2-} + H_2O \rightleftharpoons HCO_3^- + OH^-$

ポイント H^+ を与える物質が酸，H^+ を受け取る物質が塩基。

解き方 (1) 酢酸分子 CH_3COOH は H^+ を与えて酢酸イオン CH_3COO^- になり，水分子 H_2O は H^+ を受け取ってオキソニウムイオン H_3O^+ になっている。

(2) 炭酸イオン CO_3^{2-} は H^+ を受け取って炭酸水素イオン HCO_3^- になり，水分子 H_2O は H^+ を与えて水酸化物イオン OH^- になっている。

答 (1) 塩基　　(2) 酸

教科書
p.110
問 3

次の酸，塩基の化学式と，その価数を書け。
(1) 硝酸　　(2) 硫酸　　(3) 酢酸　　(4) リン酸
(5) アンモニア　　(6) 水酸化バリウム

ポイント 価数は酸・塩基の強弱とは一致しない。

解き方 ここで扱われる塩基は価数・強弱ともに頻出なので確認しておこう。また，イオンの化学式ではないことに注意。

答(1) HNO_3 1価　(2) H_2SO_4 2価　(3) CH_3COOH 1価
(4) H_3PO_4 3価　(5) NH_3 1価　(6) $Ba(OH)_2$ 2価

教科書 p.113 問 4 次の水溶液(25℃)は，酸性，中性，塩基性のいずれを示すか。
(1) $[H^+]=1.0\times10^{-7}$ mol/L
(2) $[H^+]=1.0\times10^{-4}$ mol/L
(3) $[H^+]=1.0\times10^{-10}$ mol/L

ポイント $[H^+]=1.0\times10^{-n}$ mol/L のとき，pH$=n$

解き方 (1) pH$=7$ より中性
(2) pH$=4<7$ より酸性
(3) pH$=10>7$ より塩基性

答(1) 中性　(2) 酸性　(3) 塩基性

教科書 p.114 問 5 次の水溶液の pH の整数値で求めよ。ただし，温度は25℃とする。
(1) 0.0010 mol/L 水酸化カリウム水溶液(電離度は1.0)
(2) 0.050 mol/L アンモニア水(電離度は0.020)

ポイント 水素イオン濃度$[H^+]=$酸のモル濃度×電離度

解き方 (1) 水酸化カリウム KOH は1価の塩基で電離度は1.0なので，
$[OH^-]=0.0010$ mo/L×1.0$=1.0\times10^{-3}$ mol/L
$[H^+]=1.0\times10^{-11}$ mol/L
pH$=11$
(2) アンモニア NH_3 は1価の塩基で電離度は0.020なので，
$[OH^-]=0.050$ mol/L×0.020$=1.0\times10^{-3}$ mol/L
$[H^+]=1.0\times10^{-11}$ mol/L　　よって，pH$=11$

答(1) 11　(2) 11

教科書
p.115
問 6

次の各問いに答えよ。
(1)　pH＝2 の塩酸を，純水で 100 倍に希釈すると，pH はいくらか。
(2)　pH＝6 の塩酸を，純水で 100 倍に希釈すると，pH の値はどうなるか。

ポイント　酸を希釈しても，pH は 7 を超えない。

解き方(1)　塩酸を 100 倍に希釈したとき，水素イオン濃度は $\dfrac{1}{100}$ 倍になるため，

$$[H^+]=\frac{1.00\times10^{-2}\,\mathrm{mol/L}}{10^2}=1.00\times10^{-4}\,\mathrm{mol/L}$$

よって pH＝4

(2)　(1)と同様に計算すると pH＝8 となる。しかし，酸を希釈していっても塩基にはならないため，pH は 7 を超えることはなく（酸や塩基の非常に薄い水溶液では，水の電離による[H^+]（＝1.0×10^{-7} mol/L）の影響が大きくなるため），これは誤りである。

答(1)　**pH＝4**　　(2)　**pH は 7 に近づくが，7 より小さい値になる。**

教科書
p.120
問 7

次の酸と塩基が完全に中和するときの変化を化学反応式で表せ。
(1)　H_2SO_4 と KOH　　(2)　HCl と $Ca(OH)_2$
(3)　H_2SO_4 と $Ba(OH)_2$

ポイント　a 価の酸と b 価の塩基が完全に中和するとき，物質量の比（化学反応式の係数の比）は $b:a$ になる。

解き方中和反応では，酸から生じる水素イオン H^+ と塩基から生じる水酸化物イオン OH^- から水ができ，酸の陰イオンと塩基の陽イオンから塩ができる。
　　　酸 ＋ 塩基 ⟶ 塩 ＋ 水
(1)　硫酸 H_2SO_4 は 2 価の酸，水酸化カリウム KOH は 1 価の塩基なので，反応式の係数の比は，H_2SO_4：KOH＝1：2　塩は，硫酸イオン SO_4^{2-} とカリウムイオン K^+ から，硫酸カリウム K_2SO_4 ができる。
(2)　塩酸 HCl は 1 価の酸，水酸化カルシウム $Ca(OH)_2$ は 2 価の塩基なので，反応式の係数の比は，HCl：$Ca(OH)_2$＝2：1　塩は，塩化物イオン Cl^- とカルシウムイオン Ca^{2+} から，塩化カルシウム $CaCl_2$ ができる。

(3) 硫酸 H_2SO_4 は 2 価の酸，水酸化バリウム $Ba(OH)_2$ は 2 価の塩基なので，反応式の係数の比は，$H_2SO_4 : Ba(OH)_2 = 2 : 2 = 1 : 1$

塩は，硫酸イオン SO_4^{2-} とバリウムイオン Ba^{2+} から，硫酸バリウム $BaSO_4$ ができる。

答(1) $H_2SO_4 + 2KOH \longrightarrow K_2SO_4 + 2H_2O$

(2) $2HCl + Ca(OH)_2 \longrightarrow CaCl_2 + 2H_2O$

(3) $H_2SO_4 + Ba(OH)_2 \longrightarrow BaSO_4 + 2H_2O$

教科書 p.122 問 8

次の正塩の水溶液は，酸性，塩基性，中性のいずれを示すか。

(1) KCl　　(2) Na_2SO_4　　(3) NH_4NO_3　　(4) $(CH_3COO)_2Ca$

ポイント 正塩の水溶液の液性は，もとになった酸・塩基の強弱によって決まる。

解き方(1) 塩化カリウム KCl は，強酸の塩酸 HCl と強塩基の水酸化カリウム KOH からできる正塩なので，水溶液は中性を示す。

(2) 硫酸ナトリウム Na_2SO_4 は，強酸の硫酸 H_2SO_4 と強塩基の水酸化ナトリウム NaOH からできる正塩なので，水溶液は中性を示す。

(3) 硝酸アンモニウム NH_4NO_3 は，強酸の硝酸 HNO_3 と弱塩基のアンモニア NH_3 からできる正塩なので，水溶液は酸性を示す。

(4) 酢酸カルシウム $(CH_3COO)_2Ca$ は，弱酸の酢酸 CH_3COOH と強塩基の水酸化カルシウム $Ca(OH)_2$ からできる正塩なので，水溶液は塩基性を示す。

答(1) 中性　　(2) 中性　　(3) 酸性　　(4) 塩基性

教科書 p.125 問 9

0.20 mol/L の硫酸 10 mL を完全に中和するのに，0.50 mol/L の水酸化ナトリウム水溶液は何 mL 必要か。

ポイント c〔mol/L〕の a 価の酸 v〔mL〕と c'〔mol/L〕の b 価の塩基 v'〔mL〕が過不足なく中和するとき，次の関係式が成り立つ。

$$a \times c \times \frac{v}{1000} = b \times c' \times \frac{v'}{1000} \quad \text{または} \quad acv = bc'v'$$

解き方 求める水溶液を x〔mL〕とおく。硫酸 H_2SO_4 は 2 価の酸，水酸化ナトリウム NaOH は 1 価の塩基なので，中和の関係式より，

$$2\times0.20\ \text{mol/L}\times10\ \text{mL}=1\times0.50\ \text{mol/L}\times x\text{〔mL〕}$$
$$x=8.0\ \text{mL}$$

答 8.0 mL

教科書 p.125 問 10 濃度のわからない酢酸水溶液 10 mL を，ちょうど中和するのに，0.15 mol/L 水酸化ナトリウム水溶液が 16 mL 必要であった。この酢酸水溶液の濃度は，何 mol/L か。

ポイント 酸と塩基が完全に中和するとき，
酸の価数×酸の物質量＝塩基の価数×塩基の物質量

解き方 求める酢酸水溶液の濃度を x〔mol/L〕とおく。酢酸 CH_3COOH は 1 価の酸，水酸化ナトリウム NaOH は 1 価の塩基なので，中和の関係式より，

$$1\times x\text{〔mol/L〕}\times\frac{10}{1000}\ \text{L}=1\times0.15\ \text{mol/L}\times\frac{16}{1000}\ \text{L}$$
$$x=0.24\ \text{mol/L}$$

答 0.24 mol/L

教科書 p.126 問 11 濃度のわからない酢酸水溶液 15 mL を，ちょうど中和するのに濃度 0.40 mol/L の水酸化ナトリウム水溶液が 9.0 mL 必要であった。この酢酸水溶液の濃度は，何 mol/L か。

ポイント 酸と塩基が完全に中和するとき，
酸の価数×酸の物質量＝塩基の価数×塩基の物質量

解き方 求める酢酸水溶液の濃度を x〔mol/L〕とおく。酢酸 CH_3COOH は 1 価の酸，水酸化ナトリウム NaOH は 1 価の塩基なので，中和の関係式より，

$$1\times x\text{〔mol/L〕}\times\frac{15}{1000}\ \text{L}=1\times0.40\ \text{mol/L}\times\frac{9.0}{1000}\ \text{L}$$
$$x=0.24\ \text{mol/L}$$

答 0.24 mol/L

章末確認問題のガイド

教科書 p.134

❶ 次の反応において，H_2O がブレンステッド・ローリーの塩基としてはたらいているものを番号で答えよ。

① $HCl + H_2O \longrightarrow Cl^- + H_3O^+$

② $NH_3 + H_2O \longrightarrow NH_4 + OH^-$

③ $HS^- + H_2O \longrightarrow S^{2-} + H_3O^+$

④ $CH_3COO^- + H_2O \longrightarrow CH_3COOH + OH^-$

ポイント ブレンステッド・ローリーの定義「酸とは H^+ を与える物質であり，塩基とは H^+ を受け取る物質である。」

解き方 ① H_2O は HCl から H^+ を受け取り H_3O^+ になっているため，塩基としてはたらいている。

② H_2O は NH_3 に H^+ を与え OH^- になっているため，酸としてはたらいている。

③ H_2O は HS^- から H^+ を受け取り H_3O^+ になっているため，塩基としてはたらいている。

④ H_2O は CH_3COO^- に H^+ を与え OH^- になっているため，酸としてはたらいている。

答 ①，③

❷ 次の酸，塩基について，強酸，弱酸，強塩基，弱塩基に分類し，それぞれ化学式で答えよ。

硫酸	酢酸
アンモニア	水酸化カルシウム
シュウ酸	硝酸
水酸化バリウム	

ポイント 代表的な酸・塩基については，その化学式や価数，強弱を整理して覚えておく。

答 強酸：（硫酸）H_2SO_4，（硝酸）HNO_3

弱酸：（酢酸）CH_3COOH，（シュウ酸）$(COOH)_2$

強塩基：（水酸化カルシウム）$Ca(OH)_2$，（水酸化バリウム）$Ba(OH)_2$
弱塩基：（アンモニア）NH_3

❸ 次の水溶液の pH を整数値で答えよ。
(1) 0.040 mol/L 酢酸水溶液（電離度は 0.025）。
(2) 0.050 mol の水酸化ナトリウムを，水に溶かして 500 mL とした水溶液。
(3) 0.10 mol/L アンモニア水（電離度は 0.010）。

ポイント　$[H^+]=1.0\times10^{-n}$ mol/L のとき，pH$=n$

解き方　(1) 水素イオン濃度$[H^+]=$酸のモル濃度×電離度　であるから，
$[H^+]=0.040$ mol/L$\times0.025=0.0010$ mol/L$=1.0\times10^{-3}$ mol/L
したがって，pH は 3

(2) 水酸化ナトリウム水溶液のモル濃度は，
$$\frac{0.050\text{ mol}}{0.500\text{ L}}=1.0\times10^{-1}\text{ mol/L}$$
水酸化ナトリウムは強塩基で，電離度は 1.0 である。
水酸化物イオン濃度$[OH^-]=$塩基のモル濃度×電離度　であるから，
$[OH^-]=1.0\times10^{-1}$ mol/L$\times1.0=1.0\times10^{-1}$ mol/L
したがって，教科書 p.114 表 3 より，$[H^+]=1.0\times10^{-13}$ mol/L となり，pH は 13

(3) 水酸化物イオン濃度$[OH^-]=$塩基のモル濃度×電離度　であるから，
$[OH^-]=0.10$ mol/L$\times0.010=1.0\times10^{-3}$ mol/L
したがって，教科書 p.114 表 3 より，$[H^+]=1.0\times10^{-11}$ mol/L となり，pH は 11

❸ (1) **3**　(2) **13**　(3) **11**

❹ 次の表の（　）に当てはまる化学式を答えよ。

塩の名称	塩の化学式	もとの酸	もとの塩基
硝酸ナトリウム	(ア)	(イ)	NaOH
硫酸アンモニウム	(ウ)	H_2SO_4	(エ)
炭酸カルシウム	(オ)	H_2CO_3	(カ)

答 (ア)　NaNO$_3$　　(イ)　HNO$_3$　　(ウ)　(NH$_4$)$_2$SO$_4$　　(エ)　NH$_3$
　　(オ)　CaCO$_3$　　(カ)　Ca(OH)$_2$

❺ 次の塩の名称を答えよ。また，その水溶液は，酸性(A)，中性(N)，塩基性(B)の
いずれを示すかを記号で答えよ。
(1)　KNO$_3$　　　　(2)　CH$_3$COONa
(3)　CuSO$_4$　　　(4)　NH$_4$Cl

ポイント 　強酸＋強塩基…正塩の水溶液は中性
　　　　　　強酸＋弱塩基…正塩の水溶液は酸性
　　　　　　弱酸＋強塩基…正塩の水溶液は塩基性

解き方 (1)　硝酸カリウム KNO$_3$ は，硝酸 HNO$_3$(強酸)由来の硝酸イオン NO$_3^-$ と
水酸化カリウム KOH(強塩基)由来のカリウムイオン K$^+$ からできた正
塩である。したがって，中性。

(2)　酢酸ナトリウム CH$_3$COONa は，酢酸 CH$_3$COOH(弱酸)由来の酢酸
イオン CH$_3$COO$^-$ と水酸化ナトリウム NaOH(強塩基)由来のナトリ
ウムイオン Na$^+$ からできた正塩である。したがって，塩基性。

(3)　硫酸銅(Ⅱ)CuSO$_4$ は，硫酸 H$_2$SO$_4$(強酸)由来の硫酸イオン SO$_4^{2-}$ と
水酸化銅(Ⅱ)Cu(OH)$_2$(弱塩基)由来の銅(Ⅱ)イオン Cu^{2+} からできた正
塩である。したがって，酸性。

(4)　塩化アンモニウム NH$_4$Cl は，塩酸 HCl(強酸)由来の塩化物イオン
Cl$^-$ とアンモニア NH$_3$(弱塩基)由来のアンモニウムイオン NH$_4^+$ からで
きた正塩である。したがって，酸性。

答 (1)　硝酸カリウム，(N)　　　(2)　酢酸ナトリウム，(B)
　　(3)　硫酸銅(Ⅱ)，(A)　　　　(4)　塩化アンモニウム，(A)

❻ 次の各問いに答えよ。
(1)　0.10 mol/L の水酸化ナトリウム水溶液 20 mL を完全に中和するのに，濃
度未知の硫酸 20 mL を要した。この硫酸のモル濃度を求めよ。
(2)　水酸化ナトリウム(式量 40)2.0 g を完全に中和するのに，1.0 mol/L の塩
酸は何 mL 必要か。

ポイント　中和反応では，次の関係式が成り立つ。

酸から生じる H^+ の物質量＝塩基から生じる OH^- の物質量

解き方　c〔mol/L〕の a 価の酸 v〔mL〕と c'〔mol/L〕の b 価の塩基 v'〔mL〕が過不足なく中和するとき，次の関係式が成り立つ。

$$a \times c \times \frac{v}{1000} = b \times c' \times \frac{v'}{1000} \quad または \quad acv = bc'v'$$

(1)　硫酸 H_2SO_4 は 2 価の酸，水酸化ナトリウム NaOH は 1 価の塩基なので，

$$2 \times c〔mol/L〕\times \frac{20}{1000}\,L = 1 \times 0.10\,mol/L \times \frac{20}{1000}\,L$$

$$c = 0.050\,mol/L$$

(2)　塩酸 HCl は 1 価の酸，水酸化ナトリウム NaOH は 1 価の塩基である。
NaOH の式量は 40 なので，モル質量は 40 g/mol であるから，

$$1 \times 1.0\,mol/L \times \frac{v}{1000}\,〔L〕= 1 \times \frac{2.0\,g}{40\,g/mol}$$

$$v = 50\,mL$$

答　(1)　**0.050 mol/L**　　(2)　**50 mL**

❼ 次の中和滴定の実験について，下の各問いに答えよ。

　食酢 20.0 mL を器具(ア)を用いてはかり取り，これを 100 mL 用の器具(イ)に入れ，純水を加えて 100 mL にした。次に，この溶液 10.0 mL を器具(ア)を使ってはかり取り，器具(ウ)に入れ，指示薬を 2 滴加えた。これに器具(エ)から 0.100 mol/L の水酸化ナトリウム水溶液 15.0 mL を滴下したとき，水溶液が淡赤色になった。

(1)　(ア)～(エ)に適する器具を下から記号で選び，その名称を答えよ。

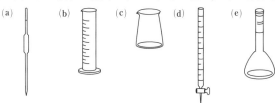

(a)　　　(b)　　　(c)　　　(d)　　　(e)

(2)　この滴定の指示薬として，最も適当なものを答えよ。

(3)　希釈する前の食酢中の酢酸のモル濃度を求めよ。

> **ポイント** 指示薬は，変色域が中和点付近での急激な pH 変化の範囲内に含まれる
> ものを使用する。

解き方 (1)(ア) 一定量の液体をはかり取るときは，(a)のホールピペットを使う。

(イ) 標準溶液をつくったり，溶液を一定の割合で希釈したりするときは，
(e)のメスフラスコを使う。

(ウ) 中和滴定では，(c)のコニカルビーカーを使うことが多い。三角フラ
スコでも代用できる。

(エ) 中和滴定では，滴下した液体の体積を正確にはかりたいので，(d)の
ビュレットを使う。

(2) 酢酸 CH_3COOH は弱酸，水酸化ナトリウム NaOH は強塩基なので，
中和点は塩基性側にかたよる。

そのため，変色域が塩基性側にあるフェノールフタレイン（変色域の
pH：8.0〜9.8）を用いるのがよい。

(3) 食酢 20.0 mL に純水を加えて 100 mL にしたので，5 倍に薄めたこ
とになる。

もとの食酢中の CH_3COOH の濃度を c〔mol/L〕とすると，滴定に使
った食酢（水で薄めた食酢）中の CH_3COOH の濃度は $\dfrac{c}{5}$〔mol/L〕である。

CH_3COOH は 1 価の酸，NaOH は 1 価の塩基なので，中和の関係式
より，

$$1 \times \frac{c}{5}〔\text{mol/L}〕 \times \frac{10.0}{1000}\,\text{L} = 1 \times 0.100\,\text{mol/L} \times \frac{15.0}{1000}\,\text{L}$$

$c = 0.750$ mol/L

答 (1) (ア) (a)，**ホールピペット**

(イ) (e)，**メスフラスコ**

(ウ) (c)，**コニカルビーカー**

(エ) (d)，**ビュレット**

(2) **フェノールフタレイン**

(3) **0.750 mol/L**

❽ 次の図の(ア)〜(ウ)のグラフは，0.1 mol/L の酸の水溶液に 0.1 mol/L の塩基の水溶液を滴下したときの滴定曲線を示す。図の(ア)〜(ウ)に該当する酸と塩基の組み合せを下の①〜④から番号で答えよ。また，(ア)〜(ウ)の中和滴定のうち，指示薬としてフェノールフタレインが使用できるものをすべて(ア)〜(ウ)の記号で選べ。

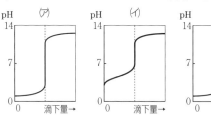

①	CH₃COOH と NaOH	②	HCl と NH₃
③	HCl と NaOH	④	CH₃COOH と NH₃

① CH$_3$COOH と NaOH　　② HCl と NH$_3$

③ HCl と NaOH　　④ CH$_3$COOH と NH$_3$

ポイント 強酸＋強塩基…中和点はほぼ中性になる。

強酸＋弱塩基…中和点は酸性側にかたよる。

弱酸＋強塩基…中和点は塩基性側にかたよる。

解き方 (ア) 中和点の pH がほぼ 7 なので，強酸 HCl と強塩基 NaOH の中和滴定である。

(イ) 中和点の pH が塩基性側にかたよっているので，弱酸 CH$_3$COOH と強塩基 NaOH の中和滴定である。

(ウ) 中和点の pH が酸性側にかたよっているので，強酸 HCl と弱塩基 NH$_3$ の中和滴定である。

フェノールフタレインの変色域は pH 8.0〜9.8 であるため，(ア)，(イ)の反応には指示薬として使用できる。

答 酸と塩基の組み合わせ：(ア) ③　　(イ) ①　　(ウ) ②

フェノールフタレインが使用できるもの：(ア)，(イ)

3章　酸化還元反応

教科書の整理

❶節 酸化と還元

A 酸化と還元

①**酸素の授受と酸化，還元**　酸化では物質が酸素原子を受け取る変化が起こり，還元では物質が酸素原子を失う変化が起こる。酸化が起きた物質は酸化されたといい，還元が起きた物質は還元されたという。

例 酸化銅（Ⅱ）CuO と水素 H_2 の反応

$$\overbrace{CuO \quad + \quad H_2 \quad \longrightarrow \quad Cu}^{\text{還元された}} \quad + \quad H_2O$$
$$\underbrace{\qquad \qquad \qquad \qquad}_{\text{酸化された}}$$

②**酸化還元反応**　酸化と還元は常に同時に起こるため，酸化と還元の両方をまとめて酸化還元反応と呼ぶ。

③**水素の授受と酸化，還元**　酸化では物質が水素原子を失う変化が起こり，還元では物質が水素原子を受け取る変化が起こる。

例 ヨウ素 I_2 溶液と硫化水素 H_2S の反応

$$\overbrace{H_2S \quad + \quad I_2 \quad \longrightarrow \quad S}^{\text{酸化された}} \quad + \quad 2HI$$
$$\underbrace{\qquad \qquad \qquad \qquad}_{\text{還元された}}$$

④**電子の授受と酸化，還元**　酸化では原子（または物質）が電子 e^- を失う反応が起こり，還元では原子（または物質）が電子 e^- を受け取る反応が起こる。酸素原子や水素原子が直接関係していない反応についても，このように酸化と還元を考えることができる。

例 銅 Cu と酸素 O_2 の反応

$$2Cu \qquad \qquad \longrightarrow \quad 2Cu^{2+} \quad + \quad 4e^-$$

$$O_2 \quad + \quad 4e^- \quad \longrightarrow \quad 2O^{2-}$$
$$\overline{\qquad \qquad \qquad \qquad \qquad \qquad}$$
$$2Cu \quad + \quad O_2 \quad \longrightarrow \quad 2CuO$$

酸化された　還元された

重要語句

酸化
還元
酸化還元反応

⚠ ここに注意

酸化還元反応では，物質の変化を「酸化された」「還元された」のように受身形で表現する。

B 酸化数と酸化還元反応

①**酸化数**　物質やイオンがどの程度酸化・還元されているかを示す数値。

・酸化数は1つの原子について表し，整数の値にする。

　例 H_2O 全体の酸化数は表せないが，H原子やO原子の酸化数は表せる。

・酸化数は，必ず＋や－の符号をつける（0の場合を除く）。

②**酸化数の決め方**

・単体中の原子の酸化数は0とする。

　例 水素 H_2…Hの酸化数は0　　　銅 Cu…Cuの酸化数は0

・単原子イオンの酸化数は，そのイオンの電荷に等しい。

　例 銅（Ⅱ）イオン Cu^{2+}…Cuの酸化数は +2

　　塩化物イオン Cl^-…Clの酸化数は -1

・化合物中の水素原子Hの酸化数を +1，酸素原子Oの酸化数を -2とし，化合物中の原子の酸化数の総和は0とする。

　例 アンモニア NH_3 中のNの酸化数を x とおくと，

　　$x \times 1 + (+1) \times 3 = 0$　　$x = -3$

・多原子イオン中の原子の酸化数の総和は，そのイオンの電荷に等しい。

　例 硫酸イオン SO_4^{2-} 中のSの酸化数を x とおくと，

　　$x \times 1 + (-2) \times 4 = -2$　　$x = +6$

■テストに出る

　イオンからなる物質の酸化数は，各イオンに分けてから求めるとよい。

　例 過マンガン酸カリウム $KMnO_4$

　　$KMnO_4$ は K^+ と MnO_4^- からなるので，Kの酸化数は +1 である。また，Mnの酸化数を x とおくと，

　　$x \times 1 + (-2) \times 4 = -1$　　$x = +7$

③**酸化数と酸化，還元**　化学変化の前後で酸化数が増加したとき，その原子は酸化されている。酸化数が減少したとき，その原子は還元されている。

④**酸化還元反応における酸化数の変化**　酸化還元反応では，増加した酸化数の総和と減少した酸化数の総和は等しくなる。

⚠ここに注意
過酸化水素 H_2O_2 のような過酸化物では，酸素原子Oの酸化数は -1 とする。金属の水素化物（水素化ナトリウム NaH など）では，水素原子Hの酸化数は -1 とする。

例 酸素 O_2 と銅 Cu の反応

$$\begin{array}{c} \overbrace{}^{\text{還元された}} \\ 2\underset{0}{Cu} + O_2 \longrightarrow 2\underset{+2}{Cu}\underset{-2}{O} \\ \underbrace{}_{\text{酸化された}} \end{array}$$

2つの銅 Cu 原子の酸化数の増加分　：＋2×2＝＋4

1つの酸素分子 O_2 の酸化数の減少分：－2×2＝－4

教科書
p.139 コラム　生活のなかでの酸化と還元

　都市ガスとして用いられているガスの主成分は，メタン CH_4 である。ガスは燃焼して用いられているが，このときのメタンの燃焼反応では，メタンは酸素を受け取って酸化されている。

$$CH_4 + 2O_2 \longrightarrow CO_2 + 2H_2O$$

テストに出る

　酸化還元反応と物質の授受は，右のようにまとめられる。

	酸化された	還元された
酸素 O	受け取る	失う
水素 H	失う	受け取る
電子 e^-	失う	受け取る
酸化数	増加する	減少する

❷節 酸化剤と還元剤

A 酸化剤と還元剤

①**酸化剤**　相手の物質を酸化させ，自身は還元される物質。相手の物質の電子を奪う性質をもつ。

②**還元剤**　相手の物質を還元させ，自身は酸化される物質。相手の物質に電子を与える性質をもつ。

③**イオン反応式**　酸化剤・還元剤のはたらきを電子 e^- の授受で表したもの。

例 二クロム酸カリウム $K_2Cr_2O_7$ の酸化剤としてのはたらき

$$Cr_2O_7^{2-} + 14H^+ + 6e^- \longrightarrow 2Cr^{3+} + 7H_2O$$

④**酸化剤，還元剤のイオン反応式のつくり方**

・反応物を左辺に，反応での生成物を右辺に置く。

例　$Cr_2O_7^{2-} \qquad\qquad \longrightarrow 2Cr^{3+}$

重要語句
酸化剤
還元剤

テストに出る
イオン反応式は自分でつくることもできるので，反応前の状態と生成物を覚えておく。

- 両辺の酸素原子 O の数を，水 H_2O で合わせる。

  例　$Cr_2O_7{}^{2-} \longrightarrow 2Cr^{3+} + 7H_2O$

- 両辺の水素原子 H の数を，水素イオン H^+ で合わせる。

  例　$Cr_2O_7{}^{2-} + 14H^+ \longrightarrow 2Cr^{3+} + 7H_2O$

- 両辺の電荷のつり合いを，電子 e^- で合わせる。

  例　$Cr_2O_7{}^{2-} + 14H^+ + 6e^- \longrightarrow 2Cr^{3+} + 7H_2O$

主な酸化剤のイオン反応式

過酸化水素 H_2O_2	$H_2O_2 + 2H^+ + 2e^- \longrightarrow 2H_2O$
過マンガン酸カリウム $KMnO_4$	$MnO_4{}^- + 8H^+ + 5e^- \longrightarrow Mn^{2+} + 4H_2O$
二クロム酸カリウム $K_2Cr_2O_7$	$Cr_2O_7{}^{2-} + 14H^+ + 6e^- \longrightarrow 2Cr^{3+} + 7H_2O$
二酸化硫黄 SO_2	$SO_2 + 4H^+ + 4e^- \longrightarrow S + 2H_2O$

主な還元剤のイオン反応式

硫化水素 H_2S	$H_2S \longrightarrow S + 2H^+ + 2e^-$
二酸化硫黄 SO_2	$SO_2 + 2H_2O \longrightarrow SO_4{}^{2-} + 4H^+ + 2e^-$
過酸化水素 H_2O_2	$H_2O_2 \longrightarrow O_2 + 2H^+ + 2e^-$
シュウ酸 $(COOH)_2$	$(COOH)_2 \longrightarrow 2CO_2 + 2H^+ + 2e^-$

もっと詳しく

　過酸化水素 H_2O_2 や二酸化硫黄 SO_2 は，相手によって酸化剤・還元剤のどちらとしてもはたらくことができる。過酸化水素 H_2O_2 は主に酸化剤としてはたらくが，強い酸化剤に対しては還元剤としてはたらく。一方で，二酸化硫黄 SO_2 は主に還元剤としてはたらくが，強い還元剤に対しては酸化剤としてはたらく。

　H_2O_2(酸化剤)＋SO_2(還元剤) $\longrightarrow H_2SO_4$

もっと詳しく

　酸化剤の反応に水素 H^+ が必要な場合は，硫酸 H_2SO_4 を加える。このように，硫酸を加えて溶液を酸性にした状態を硫酸酸性と呼ぶ。

　なお，硫酸の代わりに塩酸や硝酸が使えないのは，これらに含まれるイオンやそれ自身が還元剤(Cl^-)や酸化剤(HNO_3)としてはたらいてしまうことがあるためである。

B　電子の授受と酸化還元反応式

①**過マンガン酸カリウムとヨウ化カリウムの反応**　硫酸で酸性にした過マンガン酸カリウム $KMnO_4$ 水溶液とヨウ化カリウム KI 水溶液の反応では，赤紫色の過マンガン酸イオン

教科書の整理 3章

MnO_4^- が還元されてほとんど無色のマンガン（Ⅱ）イオン Mn^{2+} に変化する一方，無色のヨウ化物イオン I^- が酸化されて褐色の I_2 に変化する。なお，反応の終点は，過マンガン酸イオン MnO_4^- の赤紫色が消えなくなった（反応溶液が薄い赤紫色になった）ときである。

②**酸化還元反応の反応式のつくり方**　酸化還元反応の反応式は，以下の手順でつくる。

1．酸化剤，還元剤のイオン反応式をつくる。

2．酸化剤，還元剤のイオン反応式において，電子 e^- の数が等しくなるように式の両辺をそれぞれ整数倍する。2つの式の辺々を足し合わせて電子を消去する。

3．酸化剤，還元剤のイオン反応式で省略されていたイオンを補って化合物をつくる。

4．必要であれば，係数が整数になるように両辺を整数倍して調節する。

③**最高酸化数**　ある種類の原子が取り得る上限の酸化数。化合物中の原子が最高酸化数のとき，酸化数は増加できないために化合物自身は還元し，酸化剤としてはたらく。

④**最低酸化数**　ある原子が取り得る下限の酸化数。化合物中の原子が最低酸化数のとき，酸化数は減少できないために化合物自身は酸化し，還元剤としてはたらく。

教科書 p.143 | コラム　**身のまわりの酸化剤・還元剤**

　教科書に掲載されているビタミンC（アスコルビン酸）やヨウ素 I_2 以外にも，酸化還元反応を利用している例はある。たとえば，塩素 Cl_2 に漂白作用や殺菌作用があるのは有名であるが，これは塩素が水に溶けると生じる次亜塩素酸イオン ClO^- が，強い酸化力をもつためである。

C　酸化剤と還元剤のはたらきの強さ

①**酸化作用**　酸化剤としてのはたらき。

②**還元作用**　還元剤としてのはたらき。

③**酸化力**　酸化作用の強さ。酸化力には，物質ごとに序列がある。

④**過酸化水素 H_2O_2 の作用**　過酸化水素 H_2O_2 は主に酸化剤としてはたらくが，強い酸化剤に対しては還元剤としてはたらくことがある。

　　例 硫酸で酸性にした過酸化水素 H_2O_2 は，ヨウ化カリウム KI に対して酸化剤としてはたらく。

　　例 過酸化水素は，硫酸で酸性にした過マンガン酸カリウム $KMnO_4$ などの強い酸化剤に対しては還元剤としてはたらく。

⑤**硫酸で酸性にした水溶液中での酸化還元反応**　過酸化水素が酸化剤としてはたらくとき，以下のイオン反応式から，過酸化水素に加えて水素イオン H^+ が必要だとわかる。

$$H_2O_2 + 2H^+ + 2e^- \longrightarrow 2H_2O$$

この水素イオン H^+ を供給するために，水溶液に希硫酸を加えて硫酸酸性にする必要がある。

D 酸化還元滴定

①**酸化還元反応の量的関係**　酸化剤と還元剤が過不足なく反応するとき，次の関係が成り立つ。

■ **重要公式**
酸化剤が受け取る電子 e^- の物質量＝還元剤が放出する電子 e^- の物質量

②**酸化還元滴定**　酸化還元反応における量的関係を利用し，濃度が正確に分かっている酸化剤（還元剤）を標準溶液として，濃度が分からない還元剤（酸化剤）の濃度を求める操作。

③**酸化還元滴定の留意点**

・酸化還元滴定に使う器具や操作法は，基本的に中和滴定と同じである。

・酸化還元反応では，適当な指示薬が少なく，反応物質そのものの色の変化から終点を判断することが多い。

④**過マンガン酸カリウムによる酸化還元滴定**　過マンガン酸カリウムによる酸化還元滴定は水質検査にも用いられる。過マンガン酸カリウムの正確な濃度を求めるため，安定しているシュウ酸を標準溶液として使うことが多い。また，この反応では，過マンガン酸イオン MnO_4^- の赤紫色が消えて無色にならずに残り，薄い赤紫色になった時点が反応の終点となる。

重要語句
酸化還元滴定

もっと詳しく
酸化還元滴定で用いる，濃度が正確にわかっている溶液を標準溶液という。

ここに注意
Mn^{2+} は結晶中や濃い水溶液中では淡赤色であるが，薄い水溶液中ではほぼ無色である。

❸節 金属の酸化還元反応

教科書 p.148〜151

A 金属のイオン化傾向

重要語句
イオン化傾向

①**金属のイオン化傾向**　金属の単体が水溶液中で陽イオンになろうとする性質。イオン化傾向が大きい金属ほど陽イオンになりやすい性質をもつ。

例　亜鉛 Zn の単体を硫酸銅(Ⅱ)$CuSO_4$ 水溶液に入れたとき

　　　このときイオン化傾向は Zn > Cu だから，Zn は水溶液に溶け出して陽イオン Zn^{2+} になり，水溶液中の Cu^{2+} は Zn から電子 e^- を受け取り析出する。

②**金属樹**　イオン化傾向の小さい金属が，樹木の枝が伸びるように析出したもの。①の例では，Cu の金属樹(銅樹)が析出している。

③**金属のイオン化列**　金属のイオン化傾向を，大きさの順に並べたもの。空気や水，酸との反応性の違いに影響している。

B 金属の反応性

①**金属のイオン化傾向と反応性**　金属はイオン化傾向が大きいほど電子を失って陽イオンになりやすい。このため，水や酸，空気などと反応しやすくなる。

金属のイオン化傾向(イオン化列)と単体の反応性

イオン化列	Li	K	Ca	Na	Mg	Al	Zn	Fe	Ni	Sn	Pb	H_2	Cu	Hg	Ag	Pt	Au
イオン化傾向	大 ←																→ 小
反応性	大(酸化されやすい) ←														→ (酸化されにくい) 小		
常温の空気中での反応	すみやかに酸化される。				酸化され，表面に酸化物の被膜を生じる。									酸化されない。			
水との反応	常温で反応する。				高温水蒸気と反応する。※1		反応しない。										
酸との反応	塩酸や希硫酸と反応して水素を発生する。※2												硝酸や熱濃硫酸に溶ける。			王水③には溶ける。	

※1　Mgは熱水でも反応する。
※2　Pbは，表面に生じる$PbCl_2$や$PbSO_4$が水に溶けにくいため，塩酸や希硫酸にはほとんど溶けない。

②**不動態**　金属の表面に緻密な酸化物の被膜ができ，内部を保護している状態。Al，Fe，Ni が濃硝酸に溶けないのは不動態になるためである。

重要語句
不動態
王水

③**王水**　濃硝酸と濃塩酸を体積比 1:3 で混合した溶液。

教科書 **p.151** 🖉 コラム　**金属の腐食とめっき**

①**めっき**　金属の一部が酸化(腐食)されてさびにならないように，金属の表面を別の金属で覆うこと。

②**ブリキ**　鉄 Fe の表面をスズ Sn でめっきしたもの。Sn は Fe よりもイオン化傾向が小さいため，腐食を防ぐことができる。しかし，表面に大きな傷がついて内部の Fe が露出すると，傷がついた場所から腐食が進んでしまう。

③**トタン**　鉄 Fe の表面を亜鉛 Zn でめっきしたもの。Zn は Fe よりもイオン化傾向が大きいが，酸化されて表面に被膜をつくるため腐食を防ぐことができる。また，表面に傷がついても，Fe よりも Zn の方がイオン化傾向が大きいため，Zn が先に酸化されて内部の Fe の腐食を防ぐことができる。

📝**テストに出る**

　銅 Cu や銀 Ag が希硝酸，濃硝酸，熱濃硫酸と反応するときは，水素 H_2 ではなく，それぞれ一酸化窒素 NO，二酸化窒素 NO_2，二酸化硫黄 SO_2 が発生する。

例　希硝酸　　$3Cu + 8HNO_3 \longrightarrow 3Cu(NO_3)_2 + 2NO + 4H_2O$

　　濃硝酸　　$Cu + 4HNO_3 \longrightarrow Cu(NO_3)_2 + 2NO_2 + 2H_2O$

　　熱濃硫酸　$Cu + 2H_2SO_4 \longrightarrow CuSO_4 + SO_2 + 2H_2O$

❹節 酸化還元反応の応用　　教科書 **p.152〜161**

Ａ 電池のしくみ

①**電池**　化学変化などを利用して電気エネルギーを取り出す装置。

②**電極**　電池において，水溶液に浸した物質。

③**負極**　導線へ電子が流れ出す電極。イオン化傾向の大きい金属は電子を放出して水溶液に溶け出すため，負極になる。

④**正極**　導線から電子が流れ込む電極。イオン化傾向が小さい金属は電子を受け取る還元反応が起こるため，正極になる。

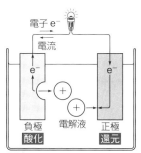

電子 e⁻
電流
e⁻　　　e⁻
負極　　電解液　　正極
酸化　　　　　　**還元**

電池のしくみ

🔍🔍**もっと詳しく**

酸化還元反応を利用した電池を化学電池といい，利用しない電池(太陽電池など)を物理電池という。

重要語句

電池
正極
負極

⑤**起電力** 正極と負極の間に生じる最大の電位差(電圧)。

⑥**ダニエル電池** 亜鉛 Zn 板を入れた硫酸亜鉛 $ZnSO_4$ 水溶液と，銅 Cu 板を入れた硫酸銅(Ⅱ)$CuSO_4$ 水溶液を素焼き板などで仕切った電池。下のように表すことができる。

$$(-)Zn \mid ZnSO_4\,aq \mid CuSO_4\,aq \mid Cu(+)$$

・亜鉛板は負極となり，亜鉛が陽イオンになって溶け出す。銅板は正極となり，硫酸銅(Ⅱ)$CuSO_4$ 水溶液中の銅イオンが電子を受け取って析出する。このとき，以下のような反応が起こっている。

・負極：$Zn \longrightarrow Zn^{2+} + 2e^-$（酸化）

・正極：$Cu^{2+} + 2e^- \longrightarrow Cu$（還元）

教科書 p.153 コラム 電池の歴史

ボルタ電池 亜鉛板と銅板を希硫酸に浸した電池。ダニエル電池より前にイタリアのボルタによって考案された。以下のように表すことができる。起電力がすぐに低下してしまうため，実用化されなかった。

$$(-)Zn \mid H_2SO_4\,aq \mid Cu(+)$$

・亜鉛板が負極，銅板が正極となり，各電極で以下の反応が起こる。

・負極：$Zn \longrightarrow Zn^{2+} + 2e^-$（酸化）

・正極：$2H^+ + 2e^- \longrightarrow H_2$（還元）

B 実用電池

①**放電** 電池から電流を取り出すこと。

②**充電** 放電とは逆向きの電流を外部から電池に流し，電池の起電力を回復させる操作。

③**活物質** 電池内での酸化還元反応に直接かかわる物質。

・負極活物質 負極で電子を放出するはたらきをする還元剤。

・正極活物質 正極で電子を受け取るはたらきをする酸化剤。

④**乾電池** 電池に含まれる電解液を糊のように固めて持ち歩きしやすいように工夫された電池。

④**一次電池** 充電ができない電池。

例 マンガン乾電池…置き時計・リモコンなどに利用。

重要語句 起電力 ダニエル電池

もっと詳しく ダニエル電池では，素焼き板(セロハン膜)の細かい穴を通り，Zn^{2+} が正極側に，SO_4^{2-} が負極側に移動することで電流が流れている。

重要語句 放電 充電 活物質 乾電池

アルカリマンガン乾電池…一般的な乾電池。マンガン乾電
　　　　　　　　　　池よりも多くの電流を取り出せる。

⑤**二次電池**　充電ができる電池。

　例鉛蓄電池…自動車のバッテリーなどに利用。

　　リチウムイオン電池…携帯電話，ノート型パソコンなどに
　　　　　　　　利用。

　　ニッケル・水素電池…ハイブリッドカーの電源などに利用。

⑥**燃料電池**　燃料と酸素を燃焼させると発生する化学エネルギ
　ーから，直接電気エネルギーを取り出す電池。二酸化炭素の
　排出が少なく，また生成物が水のみであることから，環境へ
　の負荷が小さい。

教科書 **p.155**　発展

①鉛蓄電池のしくみ

　鉛蓄電池は，$(-)$ Pb｜H_2SO_4 aq｜PbO_2 $(+)$ と表せる。この電池を放電す
　ると，負極・正極両方の表面が硫酸鉛(Ⅱ)$PbSO_4$ に覆われる。電解液では，
　溶質の H_2SO_4 が消費されて溶媒の H_2O が生成するため，電解液の濃度がし
　だいに薄くなって起電力が低下する。ここで，鉛蓄電池の負極・正極を外部
　の直流電源の負極・正極にそれぞれつないで放電時とは逆向きに電流を流す。
　こうすることで，鉛蓄電池を充電することができる。

②燃料電池のしくみ

　燃料電池は$(-)H_2$｜H_3PO_4 aq｜$O_2(+)$と表せる(リン酸型)。電極は白金触
　媒を付着させ，細かい穴が多く空いた黒鉛を用いる。このとき，負極では，
　水素 H_2 が電子 e^- を失って水素イオン H^+ として電解液中を移動する(酸
　化)。正極では，酸素 O_2 が導線から流れてきた電子 e^- と電解液中の水素イ
　オン H^+ と反応して水 H_2O が生成する(還元)。

C　金属の製錬

①**製錬**　金属の化合物(酸化物・硫化物など)を還元し，単体の
　金属を得る操作。

②**銅の製造**

　1．炭素を用いて銅鉱石(黄銅鉱 $CuFeS_2$ など) を還元する
　　と，粗銅(純度約 99%)が得られる。

2．硫酸酸性の硫酸銅(Ⅱ)$CuSO_4$水溶液中に，純銅板を外部電源の負極に，粗銅板を正極につないで電気分解を行うと，純銅(純度 99.99％以上)が得られる(電解製錬)。

③鉄の製錬

1．鉄鉱石を(赤鉄鉱 Fe_2O_3 や磁鉄鉱 Fe_3O_4 など)コークス C，石灰石 $CaCO_3$ とともに溶鉱炉に入れ，下から熱風を吹き込む。この結果，コークスの燃焼で生じた一酸化炭素 CO によって鉄鉱石が段階的に還元され，銑鉄が生じる。銑鉄は炭素を約 4％含み，硬いがもろい。

2．銑鉄を転炉に移し，酸素を吹き込んで不純物を除く。この結果，炭素を 0.02〜2％含み，硬くて強く，しなやかな鋼が得られる。

④アルミニウムの製造
鉱石のボーキサイトを精製して酸化アルミニウム(アルミナ)を得る。アルミナは融点が 2054℃と非常に高いが，氷晶石 Na_3AlF_6 の中で融解させてこれにアルミナを混ぜると約 1000℃で融解できる。これを炭素電極を用いて電気分解するとアルミニウムが得られる。

⑤溶融塩電解(融解塩電解)
常温では固体の状態である塩を加熱して融解させ，これを用いて物質を電気分解する操作。

D 電気分解(発展)

①電気分解(電解)
電解質の水溶液や融解塩(溶融塩)に電極を入れ，外部から直流電流を流して酸化還元反応を起こす操作。

②電気分解のしくみ

・陰極　直流電源の負極につないだ電極。還元反応が起こる。

1．イオン化傾向が小さい金属イオンが存在するときは，それらの金属イオンが還元されて析出する。

2．イオン化傾向が大きい金属イオンが存在するときは，H_2O(酸性溶液では H^+)が還元されて H_2 が発生する。

・陽極　直流電源の正極につないだ電極。酸化反応が起こる。

1．白金や炭素を陽極にした場合
・水溶液中にハロゲン化物イオン(Cl^- など)が含まれるとき，これが酸化される。
・水溶液中に SO_4^{2-} や NO_3^- などが存在する場合は，H_2O

重要語句
製錬
電解製錬
銑鉄
鋼

もっと詳しく
鉄鉱石中の不純物の多くは石灰石と反応してスラグとなり，除去される。

重要語句
ボーキサイト
溶融塩電解
(融解塩電解)

重要語句
電気分解(電解)
陰極
陽極

（塩基性溶液では OH^-）が酸化されて O_2 が発生する。

2．白金や炭素以外の金属を陽極にした場合は，陽極にした金属自身が酸化され，陽イオンになって溶け出す。

主な電気分解の反応

電解液	陰極の反応（還元反応）		陽極の反応（酸化反応）	
	電極	反応式	電極	反応式
$CuCl_2$ 水溶液[3]	C	$Cu^{2+} + 2e^- \longrightarrow Cu$	C	$2Cl^- \longrightarrow Cl_2 + 2e^-$
$NaOH$ 水溶液[4]	Pt	$2H_2O + 2e^- \longrightarrow H_2 + 2OH^-$	Pt	$4OH^- \longrightarrow 2H_2O + O_2 + 4e^-$
H_2SO_4 水溶液[4]	Pt	$2H^+ + 2e^- \longrightarrow H_2$	Pt	$2H_2O \longrightarrow O_2 + 4H^+ + 4e^-$
$CuSO_4$ 水溶液	Pt	$Cu^{2+} + 2e^- \longrightarrow Cu$	Pt	$2H_2O \longrightarrow O_2 + 4H^+ + 4e^-$
$CuSO_4$ 水溶液	Cu	$Cu^{2+} + 2e^- \longrightarrow Cu$	Cu	$Cu \longrightarrow Cu^{2+} + 2e^-$（極板溶解）

[3]**塩化銅（Ⅱ）$CuCl_2$ 水溶液の電気分解**　塩化銅（Ⅱ）$CuCl_2$ 水溶液に2本の炭素電極を浸して直流電流を流すと，陰極では銅 Cu が析出し，陽極では塩素 Cl_2 が析出する。

[4]**水の電気分解**　水を電気分解するときは，電気伝導性をよくするために水酸化ナトリウム NaOH や希硫酸 H_2SO_4 を少量加える。

1．水酸化ナトリウムを加え，電気分解したとき
・陰極では水分子 H_2O が還元されて水素が発生する。
・陽極では水酸化物イオン OH^- が酸化されて酸素が発生する。

2．希硫酸を加え，電気分解したとき
・陰極では水素イオン H^+ が還元されて水素が発生する。
・陽極では水分子 H_2O が酸化されて酸素が発生する。

[5]**ファラデーの電気分解の法則**　電気分解において，陰極または陽極で変化する物質の量は，流した電気量に比例する。

重要公式
電気量〔C〕＝電流〔A〕×時間〔s〕

[6]**ファラデー定数**（記号：F）　電子 1 mol あたりの電気量の大きさを表す定数。$F=9.65×10^4$ C/mol

[7]**銅の電解製錬**　純銅板を陰極，粗銅板を陽極として，硫酸酸性の硫酸銅（Ⅱ）$CuSO_4$ 水溶液を電気分解すると，陰極には純粋な銅 Cu が析出し，陽極からは銅が銅（Ⅱ）イオン Cu^{2+}

重要語句
ファラデーの電気分解の法則

もっと詳しく
1C（クーロン）は，1A（アンペア）の電流が1秒間流れたときの電気量である。

となって溶け出す。

・陰極：$Cu^{2+} + 2e^- \longrightarrow Cu$（還元）

・陽極：$Cu \longrightarrow Cu^{2+} + 2e^-$（酸化）

・粗銅中の不純物のうち，銅よりイオン化傾向が大きい金属は，陽イオンとなって溶け出し，そのまま水溶液中に残る。銅よりイオン化傾向が小さい金属は，単体のまま陽極の下に沈殿する（**陽極泥**）。

> **重要語句**
> 陽極泥
> イオン交換膜
> 法

⑧**アルミニウムの溶融塩電解**　アルミニウムはイオン化傾向が大きい金属なので，氷晶石を用いた溶融塩電解によって単体を取り出す。このとき，以下の反応が起こっている。

・陰極：$Al^{3+} + 3e^- \longrightarrow Al$（還元）

・陽極：$C + 2O^{2-} \longrightarrow CO_2 + 4e^-$（酸化）

　　　　$C + O^{2-} \longrightarrow CO + 2e^-$（酸化）

⑨**水酸化ナトリウムの製造**　炭素電極を用いて，塩化ナトリウム NaCl 水溶液を電気分解する。以下の反応が起こり，陰極側では Na^+ と OH^- の濃度が高くなり，水酸化ナトリウム NaOH が得られる。

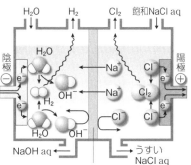

・陰極：$2H_2O + 2e^- \longrightarrow H_2 + 2OH^-$
（還元）

・陽極：$2Cl^- \longrightarrow Cl_2 + 2e^-$（酸化）
このとき，陽極側と陰極側を，陽イオンのみを通す膜（陽イオン交換膜）を用いて仕切る（イオン交換膜法）。

陽イオン交換膜(両極での生成物間の反応を防ぐ)
水酸化ナトリウムの製造（イオン交換膜法）

教科書
p.161 📎 **コラム**　**電池と電気分解**

電池と電気分解では，以下のような違いがみられる。

①**電池**　電池では自発的な酸化還元反応が起こっており，負極では酸化反応，正極では還元反応が起こっている。

②**電気分解**　電気分解では，外部の電気エネルギーを使って強制的に酸化還元反応を起こしている。陰極では還元反応，陽極では酸化反応が起こっている。

気づきラボ・実験のガイド

教科書 p.136	気づきラボ	22. 銅線の酸化と還元の実験を行い，気づいたことをグループで共有しよう

操作の留意点

1．加熱した銅線の扱いに注意する。
2．水素ボンベや水素の入った試験管を火のそばに置かない。
3．試験管に水素をためるときは，水上置換法で集めるようにする。

考察のガイド

1．操作❶で，銅線の表面が黒色になるのは，空気中の酸素によって銅が酸化されて酸化銅が生成するからである。
2．操作❷で，銅線の色が黒色から赤色に戻るのは，水素によって酸化銅が還元されるからである。このとき，生成した水が冷えて試験管の内側の水滴となる。
3．これらの反応の反応式は次のようになる。

❶　$2Cu + O_2 \longrightarrow 2CuO$

❷　$CuO + H_2 \longrightarrow Cu + H_2O$

教科書 p.140	気づきラボ	23. 過酸化水素水とヨウ化カリウム水溶液を混ぜてみよう

操作の留意点

1．過酸化水素は漂白剤にも使われる物質であり，皮膚や衣服に付着しないように注意する。
2．反応の際は，ヨウ化カリウム KI を加えたときの色の変化に着目する。

考察のガイド

1．過酸化水素は相手によって酸化剤としても還元剤としてもはたらくが，ここでは，操作❷で水溶液を酸性にしたことにより H^+ が生じ，過酸化水素は酸化剤としてはたらく。
2．操作❸で，無色透明の KI 水溶液を加えたとき，水溶液の色が褐色に変化するのは，還元剤としてはたらく KI 溶液中のヨウ化物イオン I^- が酸化されて，ヨウ素 I_2 が生じるためである。

教科書 **p.145** 🧪 **実験5**　**酸化剤と還元剤の反応を調べよう**

┃**操作の留意点**┃

1．反応の終点は，過マンガン酸イオン MnO_4^- の赤紫色が消えて無色になった時点ではなく，赤紫色が消えずに残った時点である。

┃**考察のガイド**┃

> **考察**　それぞれの操作での変化について，教科書 p.141 表1にある酸化剤の式と還元剤の式を参考にして，化学反応式を考えてみよう。

❶ (a)　$2KMnO_4 + 10FeSO_4 + 8H_2SO_4$

$$\longrightarrow 2MnSO_4 + 5Fe_2(SO_4)_3 + 8H_2O + K_2SO_4$$

(b)　$2KMnO_4 + 10KI + 8H_2SO_4$

$$\longrightarrow 2MnSO_4 + 5I_2 + 8H_2O + 6K_2SO_4$$

(c)　$2KMnO_4 + 5H_2O_2 + 3H_2SO_4$

$$\longrightarrow 2MnSO_4 + 8H_2O + 5O_2 + K_2SO_4$$

❷　$H_2O_2 + 2KI + H_2SO_4 \longrightarrow 2H_2O + I_2 + K_2SO_4$

❶では，いずれも反応が終了するまでの間は，少しずつ加えた硫酸酸性の $KMnO_4$ 水溶液の過マンガン酸イオン MnO_4^- の赤紫色の色が消えることから，還元されて電子を受け取って Mn^{2+} が生成していることがわかる。このとき，$FeSO_4$ は酸化されて Fe^{2+} が Fe^{3+} に変化するため，淡緑色から黄褐色に変わる。KI は還元剤としてはたらき酸化されて I^- が I_2 に変化するため，無色透明から褐色に変わる。H_2O_2 も還元剤としてはたらき，H_2O_2 自身は酸化されて酸素 O_2 が発生する。それぞれの電子の授受は，次のようである。

(a)　$KMnO_4$ と $FeSO_4$…$FeSO_4$ が電子を失い，$KMnO_4$ が電子を受け取る。

(b)　$KMnO_4$ と KI…KI が電子を失い，$KMnO_4$ が電子を受け取る。

(c)　$KMnO_4$ と H_2O_2…H_2O_2 が電子を失い，$KMnO_4$ が電子を受け取る。

❷では，H_2O_2 が酸化剤，KI が還元剤としてはたらいている。
化学反応式は，以下の手順にそってつくる。

・酸化剤が受け取る電子の数と還元剤が放出する電子の数が等しくなるように，イオン反応式を整数倍して辺々を足し合わせる。

・省略されていたイオン(酸化剤・還元剤をつくるイオンや硫酸イオン)を補って，整理する。

　なお，❶(a)では途中式で分数が現れるが，すべての係数が整数になるように最後に両辺を整数倍して式を整える。

教科書 p.148	気づきラボ	24. 金属の陽イオンへのなりやすさを調べて， その関係性を見いだしてみよう

▌操作の留意点▐

1．実験に使用する試薬は，直接触れないようにする。

2．実験後，どちらの金属の方がイオンになりやすいのかを考える。

▌考察のガイド▐

　❶では，亜鉛が溶け出すとともに，銅が樹木の枝のように析出する(銅樹)。❷では変化は見られない。よって，亜鉛の方が銅よりもイオンになりやすいと考えられる。

教科書 p.152	気づきラボ	25. 金属のイオン化傾向を見いだすために， 実験を計画しよう

▌操作の留意点▐

1．検流計では，電流が流れる向きに針が振れる。

2．使用する金属によって電流の向きがどうなっているのかを考える。

▌考察のガイド▐

　検流計の針は，電流の流れの方向にふれる。電流が，イオン化傾向の小さい金属からイオン化傾向の大きい金属の向きに流れることがわかる。

教科書 p.156	気づきラボ	26. 鉱石から銅を取り出そう

▌操作の留意点▐

1．マッフルとは，加熱される物質(実験では炭素粉末とクジャク石)が直接火に触れないようにして仕切りをつけ，高温で加熱することができるものである。加熱後は徐々に冷ますようにし，やけどに注意する。

2．炭素はクジャク石の主成分(炭酸水酸化銅)を還元するために使用する。

3．るつぼを加熱する際は，最初は弱火で加熱し，徐々に火を強めていく。

▌考察のガイド▐

　るつぼの中では，クジャク石が還元されて金属の銅ができる。金属の銅であることは，磨いたときの金属光沢や展性，延性および導電性などから確認できる。

問いのガイド

教科書
p.139

問 1

次の下線をつけた原子の酸化数を求めよ。

(1) $\underline{O}_3$ (2) $H\underline{N}O_2$ (3) $H_3\underline{P}O_4$

(4) $\underline{C}O_3{}^{2-}$ (5) $\underline{Cr}_2O_7{}^{2-}$ (6) $NH_4\underline{N}O_3$

ポイント

> 化合物中の原子の酸化数の総和は 0 。
> イオンにおける酸化数の総和は，そのイオンの電荷と等しい。
> 単体の原子の酸化数は 0 。

解き方 (1)〜(5)　下線のついた原子の酸化数を x とおく。

(1)　単体の原子の酸化数は 0 。よって，$x = 0$

(2)　化合物中の原子の酸化数の総和は 0 だから，$+1 + x + (-2) \times 2 = 0$ より，$x = +3$

(3)　問題の物質は H^+ と $PO_4{}^{3-}$ からなる。$PO_4{}^{3-}$ に着目して，
$$x + (-2) \times 4 = -3 \ \ \text{より，} \ x = +5$$

(4)　多原子イオンでは，原子の酸化数の総和がイオンの電荷に等しい。このため，
$$x + (-2) \times 3 = -2 \ \ \text{より，} \ x = +4$$

(5)　多原子イオンでは，原子の酸化数の総和がイオンの電荷に等しい。このため，
$$2x + (-2) \times 7 = -2 \ \ \text{より，} \ x = +6$$

(6)　$NH_4\underline{N}O_3$ において，1つ目の N の酸化数を x，2つ目の N の酸化数を y とする。NH_4NO_3 は $NH_4{}^+$ と $NO_3{}^-$ からなる。$NH_4{}^+$ について
$x + 1 \times 4 = +1$ より，$x = -3$
$NO_3{}^-$ について，$y + (-2) \times 3 = -1$ より，$y = +5$

答 (1)　0 (2)　$+3$ (3)　$+5$

     (4)　$+4$ (5)　$+6$ (6)　$-3, \ +5$

教科書
p.139

問 2

次の酸化還元反応において，酸化数の変化をもとにして，酸化された物質，還元された物質をそれぞれ化学式で示せ。

(1) $Cu + Cl_2 \longrightarrow CuCl_2$ (2) $H_2S + I_2 \longrightarrow S + 2HI$

(3) $SO_2 + 2H_2S \longrightarrow 2H_2O + 3S$

ポイント 酸化数が増加しているとき，酸化されている。
酸化数が減少しているとき，還元されている。

解き方 (1) 左辺において，Cu と Cl_2 の酸化数はともに 0 である。$CuCl_2$ は Cu^{2+} と 2 つの Cl^- からなるから，右辺では Cu の酸化数は +2，Cl の酸化数は −1 となる。このため，酸化数が Cu においては増加し，Cl においては減少している。

(2) 左辺では，H_2S に含まれる硫黄原子 S の酸化数は −2，ヨウ素原子 I の酸化数は 0 となる。一方で右辺では，硫黄原子 S の酸化数は 0，HI に含まれるヨウ素原子 I の酸化数は −1 である。このため，硫黄原子の酸化数は増加し，ヨウ素原子の酸化数は減少している。

(3) 硫黄原子 S の酸化数に着目する。右辺では硫黄原子 S の酸化数は 0 である。一方で，左辺では SO_2 中の硫黄原子 S の酸化数は +4，H_2S 中の硫黄原子 S の酸化数は −2 である。このため，SO_2 中の硫黄原子 S の酸化数は減少し，H_2S 中の硫黄原子 S の酸化数は増加している。

答 (1) 酸化された物質：Cu　　還元された物質：Cl_2
(2) 酸化された物質：H_2S　　還元された物質：I_2
(3) 酸化された物質：H_2S　　還元された物質：SO_2

教科書 p.141 問 3 次の変化を電子 e^- を用いたイオン反応式で表せ。
(1) 希硝酸 HNO_3 が酸化剤としてはたらくと，一酸化窒素 NO に変化する。
(2) シュウ酸 $(COOH)_2$ が還元剤としてはたらくと，二酸化炭素 CO_2 に変化する。

ポイント 両辺を酸素原子，水素原子，電荷の順に合わせていく。

解き方 (1)① 酸化剤としてはたらく希硝酸 HNO_3 を左辺に，反応後に生成する一酸化窒素 NO を右辺に置く。

$$HNO_3 \longrightarrow NO$$

② 左辺の希硝酸 HNO_3 には酸素原子の数が右辺より 2 個多く含まれている。ここで，両辺の酸素原子の数を合わせるため，右辺に H_2O を 2 つ加える。

$$HNO_3 \longrightarrow NO + 2H_2O$$

③ 右辺には水素原子が左辺より 3 個多くある。両辺の水素原子 H の数をそろえるため，左辺に水素イオン H^+ を 3 つ加える。

$$HNO_3 + 3H^+ \longrightarrow NO + 2H_2O$$

④ 最後に両辺の電荷を電子 e^- を使って合わせる。電荷の総和は，左辺が +3，右辺が 0 なので，左辺に電子 e^- を 3 つ加える。

$$HNO_3 + 3H^+ + 3e^- \longrightarrow NO + 2H_2O$$

(2)① 還元剤としてはたらくシュウ酸 $(COOH)_2$ を左辺に，反応後に生成する二酸化炭素 CO_2 を右辺に置く。

$$(COOH)_2 \longrightarrow CO_2$$

② 左辺のシュウ酸 $(COOH)_2$ には酸素原子 4 個が含まれている。ここで，両辺の炭素原子と酸素原子の数を合わせるため，二酸化炭素の数を 2 倍にする。

$$(COOH)_2 \longrightarrow 2CO_2$$

③ 左辺には水素原子 H が 2 個あるため，両辺の水素原子 H の数をそろえるため，右辺に水素イオン H^+ を 2 つ加える。

$$(COOH)_2 \longrightarrow 2CO_2 + 2H^+$$

④ 最後に両辺の電荷を電子 e^- を使って合わせる。電荷の総和は，左辺が 0，右辺が +2 なので，右辺に電子 e^- を 2 つ加える。

$$(COOH)_2 \longrightarrow 2CO_2 + 2H^+ + 2e^-$$

答(1) $HNO_3 + 3H^+ + 3e^- \longrightarrow NO + 2H_2O$

(2) $(COOH)_2 \longrightarrow 2CO_2 + 2H^+ + 2e^-$

教科書 p.145 問 4 過酸化水素 H_2O_2 が還元としてはたらくと，酸素 O_2 を生じる。二クロム酸イオン $Cr_2O_7{}^{2-}$ が酸化剤としてはたらくと，クロム(III)イオン Cr^{3+} を生じる。H_2O_2 と硫酸で酸性にした二クロム酸カリウム $K_2Cr_2O_7$ を反応させたときの酸化還元反応を，化学反応式で答えよ。

ポイント まず，酸化剤と還元剤をイオン反応式で表してみる。

解き方 酸化剤 $Cr_2O_7{}^{2-}$ と還元剤 H_2O_2 をそれぞれイオン反応式で表す。

$$Cr_2O_7{}^{2-} + 14H^+ + 6e^- \longrightarrow 2Cr^{3+} + 7H_2O \cdots\cdots①$$

$$H_2O_2 \longrightarrow O_2 + 2H^+ + 2e^- \cdots\cdots②$$

①と②の両辺をそれぞれ足したときに電子 e^- を消すために，②式の両辺を 3 倍し，これを①の両辺に足して重複部分を整理する。

[酸化剤]　$Cr_2O_7{}^{2-} + 14H^+ + 6e^- \longrightarrow 2Cr^{3+} + 7H_2O$ …①

[還元剤]　　　　　　　　$3H_2O_2 \longrightarrow 3O_2 + 6H^+ + 6e^-$ …②×3

$3H_2O_2 + Cr_2O_7{}^{2-} + 8H^+ \qquad\qquad \longrightarrow 3O_2 + 2Cr^{3+} + 7H_2O$ …③

　　左辺の $Cr_2O_7{}^{2-}$ はもともと二クロム酸カリウムであり，水素イオンH^+は硫酸 H_2SO_4 に含まれるものだから，両辺にカリウムイオン K^+ を2つ，硫酸イオン $SO_4{}^{2-}$ を4つ加える。なお，右辺では $SO_4{}^{2-}$ は3つだけクロムイオン Cr^{3+} と反応し硫酸クロム $Cr_2(SO_4)$ となり，残る1つはカリウムイオン K^+ と反応して硫酸カリウム K_2SO_4 になる。

　　　$3H_2O_2 + K_2Cr_2O_7 + 4H_2SO_4$

　　　　　　　　　　$\longrightarrow 3O_2 + Cr_2(SO_4)_3 + 7H_2O + K_2SO_4$

🈲$K_2Cr_2O_7 + 3H_2O_2 + 4H_2SO_4$

　　　　　　　　　　$\longrightarrow Cr_2(SO_4)_3 + 7H_2O + 3O_2 + K_2SO_4$

教科書 p.147 問5　0.040 mol/L のシュウ酸水溶液 10.0 mL を三角フラスコに取り，少量の希硫酸を加えて酸性にした。これを温めながら，赤紫色が消えなくなるまで，0.010 mol/L の過マンガン酸カリウム水溶液を少しずつ加えた。この滴定では，過マンガン酸カリウム水溶液は何 mL 必要か求めよ。

ポイント　**イオン反応式から酸化剤・還元剤 1 mol あたりの電子の授受を考える。**
酸化還元滴定の終点では，酸化剤が受け取る e^- の物質量＝還元剤が放出した e^- の物質量。

解き方　酸化剤の過マンガン酸イオンと還元剤のシュウ酸について，イオン反応式をつくる。

　　　$MnO_4{}^- + 8H^+ + 5e^- \rightarrow Mn^{2+} + 4H_2O$ ……①

　　　$(COOH)_2 \longrightarrow 2CO_2 + 2H^+ + 2e^-$ ……②

①より $MnO_4{}^-$ が 1 mol で e^- を 5 mol 受け取り，②より $(COOH)_2$ が 1 mol で e^- を 2 mol 放出すると分かる。

　　酸化還元滴定の終点では，以下の等式が成り立つ。

　　　酸化剤が受け取る e^- の物質量＝還元剤が放出した e^- の物質量

このため，①，②から，電子 e^- について以下が成り立つ。

$(MnO_4^-$ の物質量$):((COOH)_2$の物質量$)=2:5$

つまり，$(MnO_4^-$ の物質量$)×5=((COOH)_2$ の物質量$)×2$ ……③

(3) シュウ酸が x〔mL〕必要だとすると，③から，

$$0.010 \text{ mol/L}×\frac{x}{1000} \text{ L}×5=0.040 \text{ mol/L}×\frac{10.0}{1000} \text{ L}×2$$

これを解いて，$x=16$ mL

答 **16 mL**

教科書
p.149
問 6 次の金属とイオンの組み合せで反応が起こるものを選び，その反応をイオン反応式で表せ。
(1) Zn と Ag^+　　(2) Zn^{2+} と Ag

ポイント

> **金属では，イオン化傾向の大きい金属ほど陽イオンになりやすい。**

解き方 金属では，イオン化傾向の大きい方が陽イオンになりやすい。このため，イオン化傾向の大きい金属が単体でイオン化傾向の小さい金属が陽イオンであるときは反応が起こるものの，その逆では反応が起きない。

亜鉛 Zn と銀 Ag では，亜鉛の方がイオン化傾向が大きい。つまり，亜鉛 Zn が単体で，銀 Ag が銀イオンであるときには反応が起こる。この反応では，亜鉛 Zn が亜鉛イオン Zn^{2+} になる一方で，銀イオン Ag^+ が電子を受け取って単体の銀に変化する(銀樹の生成反応)。

答 反応が起こるもの：(1)

イオン反応式：$Zn + 2Ag^+ \longrightarrow Zn^{2+} + 2Ag$

章末確認問題のガイド

教科書 p.164

❶ 次の文章中の( )に当てはまる語を答えよ。

物質中の原子が電子を失うと，その原子の酸化数は(①)し，その原子を含む物質は(②)されたという。一方，物質中の原子が電子を受け取ると，その原子の酸化数は(③)し，その原子を含む物質は(④)されたという。例えば，

$$MnO_2 + 4HCl \longrightarrow MnCl_2 + Cl_2 + 2H_2O$$

の反応では，酸化マンガン(Ⅳ)は(⑤)され，一方，塩化水素は(⑥)されている。

ポイント 物質が酸化されたとき，電子を失って酸化数が増加する。
物質が還元されたとき，電子を受け取って酸化数が減少する。

解き方 ⑤, ⑥ 文章の化学反応式では，マンガン Mn の酸化数が +4 から +2 に減少している。このため，酸化マンガン(Ⅳ)は還元されている。一方で，塩素 Cl の酸化数は −1 から 0 に増加している。このため，塩化水素は酸化されている。

答 ① 増加 ② 酸化 ③ 減少
④ 還元 ⑤ 還元 ⑥ 酸化

❷ 次のイオン反応式の( )に当てはまる係数，化学式，および e^- を入れて，完成させよ。

(1) $Cl_2 + ($ $) \longrightarrow 2Cl^-$

(2) $Fe^{2+} \longrightarrow ($ $) + e^-$

(3) $H_2O_2 + ($ $) + 2e^- \longrightarrow ($ $)H_2O$

(4) $SO_2 + ($ $) \longrightarrow SO_4^{2-} + ($ $) + 2e^-$

(5) $Cr_2O_7{}^{2-} + 14H^+ + ($ $) \longrightarrow 2Cr^{3+} + ($ $)H_2O$

ポイント イオン反応式では，①酸素原子の数をそろえる，②水素原子の数を H^+ でそろえる，③両辺の電荷を e^- でそろえる，の順番に行う。

解き方 (1) 電子 e^- によって，両辺の電荷をそろえる。左辺の電荷は 0，右辺の電荷は −2 だから，左辺に電子 e^- を 2 つ加えることでつり合わせる。

(2) Fe^{2+} が還元剤としてはたらくと，Fe^{3+} が生成する。

(3)　最初に，両辺の酸素原子の数をそろえる。左辺では酸素原子 O は 2 個あるから，右辺も同様になるように水分子 H_2O の係数を 2 にする。次に，両辺の水素原子の数をそろえる。水素原子は左辺では 2 個，右辺では 4 個あるから，左辺に水素イオン H^+ を 2 つ加える。

(4)　最初に，両辺の酸素原子の数をそろえる。左辺では酸素原子が 2 個，右辺では 4 個あるから，左辺に H_2O を 2 つ加える。次に，両辺の水素原子の数をそろえる。ここまでで左辺では水素原子が 4 個，右辺では 0 個だから，右辺に H^+ を 4 つ加える。

(5)　最初に，両辺の酸素原子の数をそろえる。左辺には酸素原子が 7 個あるから，右辺にも酸素原子が 7 個存在するように H_2O の係数を 7 にする。これによって，水素原子の数もそろっているから，両辺の電荷をつり合わせる。左辺は電荷が +12，右辺では +6 だから，左辺に電子 e^- を 6 つ加える。

答 (1)　$2e^-$　　(2)　Fe^{3+}　　(3)　$2H^+$, 2
　　(4)　$2H_2O$, $4H^+$　　(5)　$6e^-$, 7

---

❸ 次の文章中の（　）に当てはまる語を答えよ。
　酸化還元反応において，相手の物質を酸化し，自身は還元される物質を（　①　），相手の物質を還元し，自身は酸化される物質を（　②　）という。

$$2KI + Cl_2 \longrightarrow I_2 + 2KCl$$

の酸化還元反応では，I 原子の酸化数は（　③　）しているので，KI は（　④　）として作用しており，Cl 原子の酸化数は（　⑤　）しているので，Cl_2 は（　⑥　）として作用していることがわかる。

ポイント　酸化剤は相手を酸化させる（＝自身は還元され，酸化数が減少する）。
　　　　　　還元剤は相手を還元させる（＝自身は酸化され，酸化数が増加する）。

解き方　③〜⑥　文章の化学反応式では，I 原子の酸化数は −1 から 0 に増加している。このため，KI は，自身は酸化するものの相手を還元させる還元剤だとわかる。一方で，Cl 原子は酸化数が 0 から −1 に減少している。このことから，Cl_2 は，自身は還元されるが相手を酸化させる酸化剤だとわかる。

答 ①　酸化剤　　②　還元剤　　③　増加
　　④　還元剤　　⑤　減少　　⑥　酸化剤

❹ 硫酸で酸性にした過酸化水素水にヨウ化カリウム水溶液を加えると，ヨウ素が遊離して溶液が褐色になる。次の各問いに答えよ。

(1)　過酸化水素 H_2O_2 が酸化剤としてはたらく反応式を，電子 e^- を用いたイオン反応式で表せ。

(2)　ヨウ化物イオン I^- が還元剤としてはたらく反応式を，電子 e^- を用いたイオン反応式で表せ。

(3)　(1)，(2)をまとめて 1 つのイオン反応式で表せ。

(4)　反応に関係しなかったイオンを(3)の両辺に加えて，化学反応式を完成せよ。

ポイント ▶ **イオン反応式のつくり方を理解する。**

イオン反応式をまとめるときは，両辺の電子 e^- が消えるようにする。

解き方 ▷ (1)　過酸化水素 H_2O_2 が酸化剤としてはたらくとき，水 H_2O が生成する。これをもとに，両辺の酸素原子の数をそろえて，次に水素原子の数を水素イオン H^+ を用いてそろえ，最後に両辺の電荷を電子 e^- を用いてそろえる。

(2)　ヨウ化物イオン I^- が還元剤としてはたらくとき，ヨウ素 I_2 が生成する。これをもとにして，両辺のヨウ素原子の数と電荷をそろえる。

(3)　(1)，(2)の式をまとめるために，2 つの式の電子 e^- を消去する。(1)と(2)の両辺をそれぞれ足して，電子 e^- を消去する。この結果，以下の式になる。

$$H_2O_2 + 2H^+ + 2I^- \longrightarrow I_2 + 2H_2O$$

(4)　反応に関係しなかったイオンは，硫酸イオン SO_4^{2-} とカリウムイオン K^+ である。反応前にはそれぞれ硫酸 H_2SO_4，ヨウ化カリウム KI として存在していたから，左辺では硫酸イオン SO_4^{2-} は水素イオン H^+ と，カリウムイオン K^+ はヨウ化物イオン I^- と結びつく。反応後では，硫酸イオン SO_4^{2-} とカリウムイオン K^+ 2 つが結合して K_2SO_4 となる。

答 (1)　$H_2O_2 + 2H^+ + 2e^- \longrightarrow 2H_2O$

(2)　$2I^- \longrightarrow I_2 + 2e^-$

(3)　$H_2O_2 + 2H^+ + 2I^- \longrightarrow I_2 + 2H_2O$

(4)　$H_2O_2 + H_2SO_4 + 2KI \longrightarrow I_2 + 2H_2O + K_2SO_4$

❺ 次の(1)～(5)に該当する金属を下からすべて元素記号で答えよ。

(1) 常温の水と反応する。

(2) 常温の水とはあまり反応しないが，熱水と反応する。

(3) 熱水とは反応しないが，高温の水蒸気と反応する。

(4) 希塩酸とは反応しないが，希硝酸と反応する。

(5) 王水とのみ反応する。

〔Ca, Mg, Pt, Cu, Al, Zn, Ag, Na〕

ポイント **イオン化傾向の大きい金属ほど反応が起こりやすい。**

解き方 金属は，イオン化傾向が大きいほど水や酸と反応しやすくなる。選択肢の金属をイオン化傾向の大きい順に並べると，Ca・Na・Mg・Al・Zn・Cu・Ag・Ptとなる。これを参考に，水や酸と反応する金属を選ぶ。

答 (1) Ca, Na   (2) Mg   (3) Al, Zn

(4) Cu, Ag   (5) Pt

❻ 金属A～Dは，銀，鉄，銅，マグネシウムのうちのいずれかである。次の操作1～3から，それぞれどの金属であるかを元素記号で答えよ。

操作1 A，Bは希硫酸に溶けて水素を発生したが，C，Dは溶けなかった。

操作2 Bは熱水と反応して水素を発生したが，Aは反応しなかった。

操作3 Cの硝酸塩水溶液にDを入れると，Dの表面にCの単体が析出した。

ポイント **イオン化傾向が大きい金属ほど，水や酸と反応しやすい。**

イオン化傾向の小さい金属のイオンが入った水溶液に，イオン化傾向の大きい金属の単体を入れると，イオン化傾向の小さい金属が析出する。

解き方 最初に，選択肢の金属をイオン化傾向の大きい順に並べると，マグネシウムMg・鉄Fe・銅Cu・銀Agの順になる。これをもとに，操作1～3を見ていく。

操作1より，MgとFeがA，Bのどちらかになり，CuとAgがC，Dのどちらかになることがわかる。

次に操作2より，A，Bについてイオン化傾向はB＞Aとなることがわかる。このことから，BはマグネシウムMg，Aは鉄Feであるととわかる。

最後に操作3より，C，Dについてイオン化傾向がD>Cとなることが
わかる。つまり，Dが銅Cu，Cが銀Agであるとわかる。

答 A：Fe　　B：Mg　　C：Ag　　D：Cu

❼ 濃度がわからないシュウ酸水溶液 10.0 mL を加温し
ながら 0.0500 mol/L 過マンガン酸カリウム水溶液
（硫酸酸性）を滴下すると，16.0 mL でちょうど終点に
達した。また，過マンガン酸カリウム水溶液，シュウ
酸水溶液の電子 e^- を含むイオン反応式は次のように
なる。下の各問いに答えよ。

$$MnO_4^- + 8H^+ + 5e^- \longrightarrow Mn^{2+} + 4H_2O$$
$$(COOH)_2 \longrightarrow 2CO_2 + 2H^+ + 2e^-$$

(1) この滴定の終点における色の変化を答えよ。
(2) このシュウ酸水溶液の濃度は何 mol/L か。

ポイント 滴定の終点では，
（酸化剤が受け取った電子 e^- の物質量）＝（還元剤が放出した電子 e^- の
物質量）

解き方 (1) 滴定の終点では，過マンガン酸イオンと反応できるシュウ酸が残って
いない。つまり，過マンガン酸カリウム水溶液を滴下しても，過マンガ
ン酸イオンが残ってしまう。このため，滴定の終点では，もともとの無
色ではなく，過マンガン酸イオンの赤紫色が消えずに残る。実際の実験
操作では，滴定開始後まもなくは，過マンガン酸カリウムを滴下すると
過マンガン酸イオン MnO_4^- の色はすぐに消える。2 価のマンガンイオ
ン Mn^{2+} は淡桃色であるが，うすい溶液ではほぼ無色に見えるため，シ
ュウ酸が残っていれば，ほぼ無色に見える。終点をこえると過マンガン
酸イオンによって色がつく。したがって薄い赤紫色がついて消えなくな
ったときが滴定の終点であると判断する。

(2) 求めるシュウ酸水溶液の濃度を $x(mol/L)$ とする。

問題のイオン反応式から，MnO_4^- が 1 mol で e^- を 5 mol 受け取り，
$(COOH)_2$ が 1 mol で e^- を 2 mol 放出するとわかる。

ここで，酸化還元滴定の終点では，以下の等式が成り立つ。

酸化剤が受け取る e^- の物質量＝還元剤が放出した e^- の物質量

この等式とイオン反応式よりわかったことから，

$(MnO_4^-$ の物質量$)$：$((COOH)_2$の物質量$)=2：5$

つまり，$(MnO_4^-$ の物質量$)\times5=((COOH)_2$の物質量$)\times2$ が成り立てばよい。このことから，

$$x[mol/L]\times\frac{10.0}{1000}L\times2=0.0500\ mol/L\times\frac{16.0}{1000}L\times5$$

これを解いて，$x=0.200\ mol/L$

答 (1) 　無色から薄い赤紫色へ

(2) 　0.200 mol/L

---

❽電池に関する記述①〜④について，正しいものには○，誤っているものには×で答えよ。

① 導線から電子が流れこむ電極を，電池の負極という。

② 電池の両極間の電位差を，起電力という。

③ 充電によってくり返し使うことのできる電池を，二次電池という。

④ ダニエル電池では，亜鉛よりイオン化傾向が小さい銅の電極が負極となる。

ポイント 電池では，

イオン化傾向が大きい金属が負極となり，電子が流れ出す。

イオン化傾向が小さい金属が正極となり，電子が流れ込む。

解き方 ① 　誤っている。電池の負極は導線から電子が流れ出して酸化反応が起こる電極であり，電子が流れ込んで還元反応が起こる電極は正極である。

② 　正しい。正極の電位は負極の電位よりも高く，電池の両極間の電位差（電圧）の最大値を起電力という。

③ 　正しい。二次電池の例として，鉛蓄電池やリチウムイオン電池，ニッケル水素電池，ニッケルカドミウム電池などがある。

④ 　誤っている。電池では，イオン化傾向が大きく表面で酸化反応が起こる金属が負極となり，イオン化傾向が小さく表面で還元反応が起こる金属が正極となる。ダニエル電池では，銅の電極は正極となる。

答 ① ×　　② ○　　③ ○　　④ ×

探究のガイド

| 教科書
p.165 | 探究
PLUS | 酸化剤，還元剤と電解質を組み合わせてみよう | 関連：教科書
p.152 |

考察のガイド

考察 操作❸で，電流が流れたのはなぜか。電子の動きで説明してみよう。

例 酸化剤である過マンガン酸カリウムと，還元剤であるヨウ化カリウムでは，以下の反応が起こる。

- $2I^- \longrightarrow I_2 + 2e^-$（酸化）
- $MnO_4^- + 8H^+ + 5e^- \longrightarrow Mn^{2+} + 4H_2O$（還元）

この反応から，ろ紙にヨウ化カリウム水溶液をしみこませた電極から電子 e^- が流れ出て，過マンガン酸カリウム水溶液をしみこませた電極に電子 e^- が流れ込む。この電子の動きによって電流が流れたと考えられる。

操作の留意点

1．操作❹〜❼では，炭素板と亜鉛板の間に挟むろ紙は少しはみ出すようにつくり，炭素板と亜鉛板が直接接触しないようにする。

整理のガイド

整理 ❶操作の結果を，表に整理しよう。

❷操作❺と操作❻から電圧や電力が連続して得られ，操作❹でつくった装置の機能を確認できただろうか。

❶ 例

操作	操作の結果
操作❺（装置の電圧）	0.60 V を指した。
操作❻（モーターの回転）	モーターが連続して回転した。

❷ 例 操作❺と操作❻において電圧や電力を得られた。このため，装置のマンガン乾電池と類似した機能を確認できたといえる。

考察のガイド

考察 ❶操作❼で，装置の能力が回復しただろうか。また，装置の能力の回復には何が関係しているだろうか。

❶ 例 操作❼によって，装置の能力が回復した。装置の能力の回復には，電流が流れるもととなる酸化還元反応を再度起こす必要がある。つまり，酸化還元反応によって減少する酸化マンガン(Ⅳ) MnO_2 または亜鉛 Zn の量が関係しており，両者が十分にあることで装置の能力が回復できると考えられる。

探究PLUS　教科書 p.166~167　**オキシドールの濃度を求める**　関連：教科書 p.146

┃操作の留意点┃

1．ホールピペットやビュレットは，これから使う溶液で共洗いしてから使用する(実験に使用する溶液の濃度を変化させないため)。

2．実験に使用する溶液には直接触れないようにする。触れてしまった場合は，すぐに多量の水で洗い流すようにする。

┃整理のガイド┃

整理 ❶ 滴定の結果から，過マンガン酸カリウムのモル濃度を求めよ。

❷ オキシドール 100 mL 中に含まれる過酸化水素の質量 w〔g〕を求める式を，α を用いて表せ。

❸ ❷の式に α の値を代入してオキシドール 100 mL 中に含まれる過酸化水素の質量 w〔g〕を求めよ。

❶ 例過マンガン酸カリウム水溶液の滴下量は以下のようになった。

回数	1回目	2回目	3回目
滴下量〔mL〕	10.08	9.97	9.95

3回の滴定の平均値が 10.00 mL になったことから，以下のように求める。

求める過マンガン酸カリウム水溶液のモル濃度を x〔mol/L〕とすると，それぞれのイオン反応式は以下のようになる。

$$MnO_4^- + 8H^+ + 5e^- \longrightarrow Mn^{2+} + 4H_2O$$
$$(COOH)_2 \longrightarrow 2CO_2 + 2H^+ + 2e^-$$

イオン反応式から，MnO_4^- が 1 mol で e^- を 5 mol 受け取り，$(COOH)_2$ が 1 mol で e^- を 2 mol 放出するとわかる。ここで，酸化還元滴定の終点では，以下の等式が成り立つ。

酸化剤が受け取る電子 e^- の物質量＝還元剤が放出した電子 e^- の物質量

このため，次の式が成り立つ。

$$x〔mol/L〕\times \frac{10.00}{1000} L\times5=0.0500 mol/L\times\frac{10.00}{1000} L\times2$$

これを解いて，$x=0.0200$ mol/L

したがって，求める過マンガン酸カリウム水溶液のモル濃度は 0.0200 mol/L となる。

❷ 例希釈する前のオキシドール 100 mL に含まれている H_2O_2 の質量を w〔g〕とおく。このとき，希釈する前のオキシドール 10 mL に含まれている H_2O_2

の質量は $\frac{w}{10}$〔g〕で，操作❺によって，100 mL あたり $\frac{w}{10}$〔g〕に薄まっている。

ここからオキシドールを 10 mL だけ取った場合，H_2O_2 は $\frac{w}{100}$〔g〕含まれることになる。

次に，操作❻でつくった溶液に含まれている H_2O_2 の物質量を求める。H_2O_2 のモル質量は $(1.0\times2+16\times2=)34$ g/mol だから，$H_2O_2\frac{w}{100}$〔g〕には $\frac{w}{100}\times\frac{1}{34}$〔mol〕含まれる。

過酸化水素と過マンガン酸カリウムの反応では，MnO_4^- が 1 mol で電子 e^- を 5 mol 受け取り，H_2O_2 が 1 mol で電子 e^- を 2 mol 放出する。

よって，$\frac{w}{100}\times\frac{1}{34}$ mol$\times2=\frac{\alpha}{1000}$ L$\times0.0200$ mol/L$\times5$

これを解いて，$w=0.1700\alpha$〔g〕

❸　例実験より過マンガン酸カリウム水溶液の滴下量は以下のようになった。

回数	1回目	2回目	3回目
滴下量〔mL〕	17.86	18.03	17.96

過マンガン酸カリウム水溶液の3回の滴下量の平均は 17.95 mL となる。これを整理❷で求めた式に代入すると，過酸化水素の質量を求めることができ，求める過酸化水素の質量は 3.05 g だと分かる。

┃考察のガイド┃

考察　❶硫酸は，どのような役割を果たしているだろうか。もし，硫酸を加えなければ，どのような反応が起こるだろうか。

　　　❷過マンガン酸カリウム水溶液を，無色ではなく褐色のビュレットに入れるのはなぜだろうか。

❶　例硫酸は，酸化剤が物質を酸化させるために必要な水素イオン H^+ を補う役割を果たしている。硫酸を加えない場合，実験2・3の過マンガン酸カリウムが十分に還元されず，酸化マンガン(Ⅳ)MnO_2 までしか還元されない。

$$MnO_4^- + 2H_2O + 3e^- \longrightarrow MnO_2\downarrow + 4OH^-$$
黒褐色沈殿

❷　例過マンガン酸カリウムは，光が当たると少しずつ分解してしまうやや不安定な物質であるため，光が当たると濃度が変化してしまう。このため，褐色のビュレットに入れることによって過マンガン酸カリウム水溶液に当たる光を弱める目的がある。

終章 化学が拓く世界

気づきラボのガイド

教科書 p.173 | 気づきラボ | 27. 洗剤の適切な使用量を調べよう

操作の留意点

1. 洗剤が手に付着したときは，手に残らないようにしっかりと水で洗い流すようにする。

考察のガイド

（例）洗剤の濃度が指示された使用量まで大きくしていくほどラー油の油滴がうまく上がってきたが，指示された使用量を超えると洗浄力は上がらなかった。適切な使用量まで濃度を大きくした場合は洗剤の機能が増大し，適切な使用量より濃度を大きくしても機能はそれ以上増大しないのだと考えられる。

　洗剤が適切な量よりも少ないと，疎水基をもつ界面活性剤が十分に存在しないために油を含む汚れを十分に取り除くことができない。一方，洗剤が適切な量よりも多いと，界面活性剤が過度に存在するため，余分な界面活性剤の疎水基どうしが結びついて球状のミセルをつくる。ミセル自体は外側が親水基の球状になっており，油汚れを取り除くことができない。余分な洗剤も下水に流れ出る。

教科書 p.173 | 気づきラボ | 28. ビタミンCでうがい薬の色を消してみよう

操作の留意点

1. 実験によってできた溶液は，実験が終わった後はすぐに廃棄する。また，誤飲しないように注意する。

考察のガイド

（例）ビタミンC入りの飴をうがい薬の中に入れると，ヨウ素を含むうがい薬の褐色が次第に消えて無色になった。うがい薬に含まれるヨウ素 I_2 が酸化剤として殺菌作用をもつ。実験ではビタミンCによって，ヨウ素 I_2 がヨウ化物イオン I^- へと還元され，うがい薬の色が消えて無色になったと考えられる。なお，ビタミンCを含む飴の代わりに，ビタミンCを多く含む果汁や緑茶，ダイコンおろしなどを加えても，ヨウ素を含むうがい薬の色が消えるようすが確認できる。

巻末資料 チャレンジ問題のガイド

教科書 p.178〜181

1 次の文章を読み，下の各問いに答えよ。

　私たちの身のまわりに存在するさまざまな物質は，原子と呼ばれる粒子が集まってできている。原子は，原子核と電子からなり，電子はいくつかの層に分かれて存在している。電子が存在する層を電子殻といい，内側から K 殻，L 殻，M 殻，N 殻…と呼ばれている。また，原子核は正電荷をもつ（ ① ）と，電荷をもたない（ ② ）から構成されている。（ ① ）の数を（ ③ ），（ ① ）と（ ② ）の数の和を（ ④ ）と呼ぶ。

　周期表の第 3 周期，〔 ア 〕族に位置する原子番号 16 の硫黄原子は，最外殻である（ ⑤ ）殻に〔 イ 〕個の電子が存在している。この電子は，化学結合や反応に関与することから価電子と呼ばれる。硫黄の原子は，〔 ウ 〕個の電子を受け取ることで，貴ガス（希ガス）の（ ⑥ ）と同じ電子配置をもつ〔 ウ 〕価の陰イオンである硫化物イオンになる。それに対し，第 3 周期，〔 エ 〕族に属する原子番号 11 のナトリウム原子は，最外殻に〔 オ 〕個の電子が存在しており，この電子を失うことで，貴ガス（希ガス）の（ ⑦ ）と同じ電子配置をもつ〔 オ 〕価の陽イオンであるナトリウムイオンになる。硫化物イオンとナトリウムイオンは，（ ⑧ ）結合により結合し，化学式（ ⑨ ）で表される硫化ナトリウムとなる。

　原子が電子を 1 個失い，1 価の陽イオンになるときに吸収するエネルギーをイオン化エネルギーという。この値が小さいほど陽イオンになりやすく，第 2，第 3 周期の元素では（ ⑩ ）金属と呼ばれる〔 カ 〕族の元素が最も小さい値となる。それに対し，原子が電子を 1 個受け取り，1 価の陰イオンになるときに放出するエネルギーを（ ⑪ ）という。この値が大きいほど陰イオンになりやすく，第 2，第 3 周期の元素では（ ⑫ ）と呼ばれる〔 キ 〕族の元素が最も大きい値となる。

問 1 文章中の（ ① ）〜（ ⑫ ）に当てはまる語，記号または化学式を答えよ。

答 ① 陽子　② 中性子　③ 原子番号　④ 質量数
　　⑤ M　⑥ アルゴン　⑦ ネオン　⑧ イオン
　　⑨ Na₂S　⑩ アルカリ　⑪ 電子親和力　⑫ ハロゲン

問 2 文章中の〔 ア 〕~〔 キ 〕に当てはまる数値を答えよ。

答 ア 16　イ 6　ウ 2　エ 1　オ 1　カ 1　キ 17

問 3 リン原子 P の電子配置を例にならって答えよ。
(例)Na：K2, L8, M1

ポイント 電子が内側のK殻から順番に2個, 8個, 8個……と格納されていく

解き方 リン P の原子番号は 15 であり, 電子を 15 個もつので K 殻に 2 個, L 殻に 8 個, M 殻に 5 個格納される。

答 P：K2, L8, M5

問 4 次のイオンを, 例にならってイオン半径の大きい順に並べよ。
Al^{3+}, F^-, Mg^{2+}, O^{2-}　(例)$X^+ > Y^{2-} > Z^{3+} > W^+$

ポイント イオンは希ガスに分類される原子と同じ電子配置をもつ。

解き方 Al^{3+}, F^-, Mg^{2+}, O^{2-} は全てネオン Ne と同じ電子配置をもつ。それゆえ, 原子番号が大きい原子のイオンは, 原子核の正の電荷が大きく電子を中心に引き寄せる力が強いので, 原子半径がより小さくなる。

答 $O^{2-} > F^- > Mg^{2+} > Al^{3+}$

問 5 次のイオン化エネルギーに関する記述のうち, 正しいものはどれか。正しく選択しているものを下の①~⑥から選び, 番号で答えよ。

a　イオン化エネルギーの小さい元素ほど, 陽性が強い。

b　同族の元素のなかでは, 原子番号の大きい元素ほどイオン化エネルギーが大きい。

c　すべての元素のなかで, イオン化エネルギーが最も大きいのは, ヘリウムである。

① aのみ　② bのみ　③ cのみ　④ aとb　⑤ aとc
⑥ bとc

ポイント 　イオン化エネルギーとは，原子から1個電子を取り去り一価の陽イオンにするのに必要なエネルギーを指す。

解き方 　a　正。イオン化エネルギーが小さい元素ほど陰イオンになりやすい性質がある。（陽性が強い）

b　誤。同族元素の中では原子番号が大きいほどイオン化エネルギーは小さい。

c　正。ヘリウム含め貴ガスの原子のイオン化エネルギーは大きい。

答 ⑤

2 次の文章を読み，下の各問いに答えよ。

　結晶とは，構成粒子である原子，分子またはイオンなどが，三次元的に規則正しく配列した固体である。結晶は，粒子間にはたらく結合によりいくつかの種類に分類され，その性質はそれぞれ結晶を構成する粒子の種類や，その結合の仕方により決まる。次の(A)～(D)は，結晶の性質を分類したものである。

(A)　塩化カリウム KCl の結晶は，いずれも貴ガス（希ガス）の（　①　）と同じ電子配置をもつカリウムイオンと塩化物イオンが，（　②　）結合で結びついた結晶である。この結晶は硬く，融点が高い性質をもつ。

(B)　ダイヤモンド C の結晶は，1つの炭素原子に（　③　）つの炭素原子が（　④　）形に（　⑤　）結合した基本単位が多数結びついた結晶である。この結晶は非常に硬く，溶媒にも溶けない。

(C)　アルミニウム Al の結晶は，アルミニウムの（　⑥　）個の価電子が自由電子となり，すべてのアルミニウム原子が（　⑦　）の結合で結びついた結晶である。この結晶は，力を加えると変形するため，薄く広げることのできる性質である（　⑧　）や，長く引き延ばすことのできる性質である（　⑨　）をもつ。

(D)　ドライアイス CO_2 の結晶は，1つの炭素原子と2つの酸素原子が（　⑤　）結合で結びついた二酸化炭素分子が，分子間力により集合した結晶である。この結晶は，融点が低い。また，ドライアイスのように，固体から直接気体へ状態変化する（　⑩　）性をもつものが多い。

問 1 (A)～(D)が説明している結晶の種類をそれぞれ選び，記号で答えよ。

(a)　イオン結晶　　(b)　金属結晶　　(c)　分子結晶　　(d)　共有結合の結晶

答 (A)　(a)　　(B)　(d)　　(C)　(b)　　(D)　(c)

問 2　(A)～(D)の文中の下線を付した化学式のうち，分子式であるものの化学式を答えよ。

ポイント　分子とは非金属元素の原子どうしが結合したものである。

解き方　カリウム K とアルミニウム Al は金属元素である。KCl, C, Al は組成式であり，分子式であるのは(D)の CO_2 のみ。

答 CO_2

問 3　文章中の（　①　）～（　⑩　）に当てはまる語，または数値を答えよ。

解き方　(A)　イオン結合する K^+ と Cl^- はアルゴンと同じ電子配置をもつ。

(B)　ダイヤモンドは，炭素原子の 4 つの価電子が，となり合う 4 個の炭素原子と共有結合している。

(C)　金属の電気伝導性や属性，延性などは，自由電子のはたらきによる。

(D)　分子からなる物質の結晶は，分子間力による弱い結合でできている。

答① アルゴン　② イオン　③ 4　④ 正四面体　⑤ 共有
⑥ 3　⑦ 金属　⑧ 展性　⑨ 延性　⑩ 昇華

問 4　次の(ア)～(エ)の各物質は，(A)～(D)のどの結晶に分類されるか，記号で答えよ。
(ア) 酸化マグネシウム　(イ) 銅　(ウ) 二酸化ケイ素　(エ) ヨウ素

ポイント　非金属元素のみからなる結晶には，分子結晶と共有結合の結晶の 2 種類がある。

解き方　(ア)　酸化物イオンとマグネシウムイオンがイオン結合で結びついたイオン結晶。

(イ)　銅原子どうしが金属結合により結びついた金属結晶。

(ウ)　1 つのケイ素に 4 つの酸素が結合してできる正四面体構造を基本単位として多数の分子が共有結合で結びついた共有結合の結晶。

(エ)　ヨウ素分子どうしが分子間力により結びついた分子結晶。
以上の特徴を(A)～(D)の記述と照らし合わせながら分類する。

答(ア) (A)　(イ) (C)　(ウ) (B)　(エ) (D)

問 5 次の(1)〜(4)の記述は，(A)〜(D)のどの結晶の性質を表したものか，記号で答えよ。
 (1) 熱伝導性や電気伝導性が大きい。
 (2) 固体は電気を通さないが，水溶液や融解液にすると電気を通す。
 (3) 非常に硬く，融点がとても高い。
 (4) 軟らかく，電気を通さないものが多い。

ポイント 結合の強さは，共有結合＞イオン結合＞金属結合＞分子間力

解き方 (1) 金属結晶の性質。自由電子が熱や電気を伝えることによる。
 (2) イオン結晶の性質。
 (3) 共有結合の結晶の性質。分子どうしの結合が強いことによる。
 (4) 分子結晶の性質。

答 (1) (C)　(2) (A)　(3) (B)　(4) (D)

問 6 炭素の同素体である黒鉛は，ダイヤモンドとは異なり，軟らかく，電気伝導性が大きい。その理由を述べよ。

ポイント ダイヤモンドは価電子を4個すべて使って立体網目構造をつくり，黒鉛は価電子を3個使って平面層状構造をつくる。

解き方 黒鉛とダイヤモンドはどちらも組成式Cで表される共有結合の結晶であるが，構造が異なる。ダイヤモンドは，炭素原子Cがもつ4個の価電子をすべて使い，となり合う4個の炭素原子と共有結合している。正四面体を基本単位とする立体網目構造を形成する。黒鉛は，炭素原子Cがもつ4個の価電子のうち，3個を使い，となり合う3個の炭素原子と共有結合している。正六角形を基本単位とする平面層状構造を形成し，各層は弱い分子間力で積み重なっている。
　平面層どうしが分子間力で結びついているため，黒鉛は純粋な共有結合の結晶であるダイヤモンドよりも軟らかく，電気伝導性が大きい。

答 黒鉛は，炭素原子の4つの価電子のうち3つを使って共有結合して平面構造を形成している。このため，残りの1つの価電子が平面上を動くことができるため，電気伝導性が大きい。また平面構造どうしが比較的弱い分子間力によって結びついているため，軟らかい。

問 7 (1)～(4)の分子のうち，無極性分子であるものをすべて選び，記号で答えよ。
(1) 四塩化水素 CCl_4　　(2) 硫化水素 H_2S　　(3) 塩化水素 HCl
(4) 窒素 N_2

ポイント　分子の極性は，各結合の極性の有無と分子の形で判断する。

解き方 (1) 四塩化炭素 CCl_4 は，メタン CH_4 と同様の正四面体形の分子である。
それぞれの結合には極性があるが，これらが互いに打ち消し合うため，
分子全体では極性をもたない。
(2) 硫化水素 H_2S は，水 H_2O と同様の折れ線形の分子である。2つの
H－S 結合の極性の大きさは等しいが，分子が折れ線形のために極性
は打ち消し合わず，分子全体で極性をもつ。
(3) 二原子分子では，異なる種類の原子が結合すると分子は極性をもつ。
(4) 同種の原子どうしが共有結合した場合は，結合に極性は生じない。

答 無極性分子：(1)，(4)

3 次の文章を読み，下の各問いに答えよ。(原子量：H＝1.0，C＝12，O＝16)
　食酢中の酢酸濃度を測定するために，次の実験1～5を行った。
実験1　食酢 10.0 mL を（　①　）を用いて正確にはかり取り，100 mL の
（　②　）に入れ，標線まで純水を加えることで 10 倍に希釈した。この溶液を
溶液Aとする。
実験2　シュウ酸二水和物 $(COOH)_2 \cdot 2H_2O$ 0.630 g をビーカーにはかり取り，少
量の純水に溶かして 100 mL の（　②　）に入れた。その後，ビーカーの内壁を
純水で洗い，その洗液も同じ 100 mL の（　②　）に入れ，標線まで純水を加え
た。この溶液を溶液Bとする。
実験3　固体の水酸化ナトリウム約 2 g を純水 500 mL に溶かした。この溶液を
溶液Cとする。
実験4　溶液B 10.0 mL を（　①　）を用いてコニカルビーカーに入れ，指示薬と
して〔　ア　〕溶液を数滴加えたのち，（　③　）に入れた溶液Cを滴下したとこ
ろ，12.5 mL 滴下したところで溶液の色が変化した。
実験5　溶液A 10.0 mL を（　①　）を用いてコニカルビーカーに入れ，指示薬と
して〔　ア　〕溶液を数滴加えたのち，（　③　）に入れた溶液Cを滴下したとこ
ろ，9.25 mL 滴下したところで溶液の色が変化した。

問 1 文章中の（　①　）～（　③　）に当てはまる実験器具の名称を答えよ。

ポイント ホールピペット，メスフラスコ，ビュレットの用途を覚えておく。

解き方 ① 一定体積の液体を正確にはかり取る器具はホールピペットである。

② 溶液を希釈するのに用いられるのはメスフラスコである。

③ 滴下した溶液の体積をはかるときに用いられるのはビュレットである。

答 ① ホールピペット　　② メスフラスコ　　③ ビュレット

問 2 （　①　）～（　③　）の実験器具のうち，純水で洗ってそのまま使ってもよいものはどれか，その名称を答えよ。

ポイント メスフラスコの容器に付着した水は，残っていてもモル濃度に影響しない。

解き方 メスフラスコの内部に純水が付着した状態で水溶液を希釈しても，つくられる水溶液の濃度は変化しない。それ以外のホールピペットやビレットを純水で洗うと，付着した水が残れば溶液のモル濃度は変化してしまう。

答 メスフラスコ

問 3 実験 4 で起こる反応を化学反応式で記せ。

解き方 2 価の酸であるシュウ酸 $(COOH)_2$ と 1 価の塩基である水酸化ナトリウム NaOH が反応する。

$$(COOH)_2 + 2NaOH \longrightarrow (COONa)_2 + 2H_2O$$

答 $(COOH)_2 + 2NaOH \longrightarrow (COONa)_2 + 2H_2O$

問 4 〔　ア　〕に当てはまる指示薬を，次の(a)～(c)から選び，記号で答えよ。

(a) メチルオレンジ　　(b) フェノールフタレイン

(c) ブロモチモールブルー

ポイント 変色域から適すると予想される指示薬を使う。

解き方 (a)〜(c)の指示薬の変色域は以下の通り。

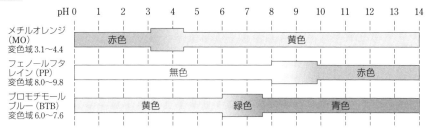

指示薬の変色のようす

〔 ア 〕に入る指示薬は，弱酸であるシュウ酸と強塩基である水酸化ナトリウムの中和点を調べるのに適したものである。よって，pH8.0〜9.8で明確に変色するフェノールフタレインが最適。

答 (b)

問 5 次の文は，実験5の指示薬として〔 ア 〕を用いる理由を説明したものである。文中の空欄（ イ ）〜（ エ ）に当てはまる語句として適当なものを次の(a)〜(d)から選び，記号で答えよ。

　実験5で起こる反応は，（ イ ）である酢酸と（ ウ ）である水酸化ナトリウムの中和反応である。生じる塩の水溶液が（ エ ）性を示すため，（ エ ）性側に変色域をもつ〔 ア 〕を指示薬として用いる必要がある。

(a) 強酸　　(b) 弱酸　　(c) 強塩基　　(d) 弱塩基

答 イ．(b)　　ウ．(c)　　エ．(d)

問 6 下線部について，溶液の色の変化を簡潔に答えよ。

解き方　水酸化ナトリウム水溶液の滴下が進み混合溶液が塩基性になると，フェノールフタレインが反応して無色から薄い赤色に変化する。

答 無色透明から薄い赤色に変化する。

問 7 シュウ酸水溶液（溶液B）のモル濃度は，何 mol/L か。有効数字3桁（→教科書 p.193）で答えよ。

ポイント　溶液B 100 ml 中のシュウ酸の物質量は希釈する前のシュウ酸二水和物の物質量に一致する。

解き方　シュウ酸二水和物のモル質量は 126 g/mol であるため，溶液B中のシュウ酸のモル濃度は，

$$\frac{\dfrac{0.630\ \mathrm{g}}{126\ \mathrm{g/mol}}}{0.100\ \mathrm{L}} = 0.0500\ \mathrm{mol/L}$$

答 0.0500 mol/L

問 8　水酸化ナトリウム水溶液（溶液 C）のモル濃度は，何 mol/L か。有効数字 3 桁で答えよ。

ポイント　中和反応では，次の関係式が成り立つ。
　酸から生じる H^+ の物質量＝塩基から生じる OH^- の物質量

解き方　実験 4 の中和の量的関係より，求める水酸化ナトリウム水溶液のモル濃度を x〔mol/L〕とすると，問 3 の反応式から以下の等式が成り立つ。

$$2 \times 0.0500\ \mathrm{mol/L} \times \frac{10.0}{1000}\ \mathrm{L} = 1 \times x\ (\mathrm{mol/L}) \times \frac{12.5}{1000}\ \mathrm{L}　より，$$

$$x = 0.0800\ \mathrm{mol/L}$$

答 0.0800 mol/L

問 9　食酢中の酢酸のモル濃度は，何 mol/L か。また，質量パーセント濃度は何 % か。それぞれ有効数字 2 桁で答えよ。ただし，食酢中に含まれる酸は酢酸のみとし，酢酸以外は中和反応に関与しないものとする。また，食酢の密度は，1.0 g/cm³ とする。

ポイント　食酢中の酢酸のモル濃度が分かれば，1 L 中に含まれる酢酸の質量も求められる。

解き方　実験 5 の結果から，食酢中の酢酸のモル濃度を x〔mol/L〕とすると，

$$1 \times 0.1x\ (\mathrm{mol/L}) \times \frac{10.0}{1000}\ \mathrm{L} = 1 \times 0.0800\mathrm{mol/L} \times \frac{9.25}{1000}\ \mathrm{L}　より，$$

$$x = 0.740\ \mathrm{mol/L}$$

酢酸のモル質量は 60 g/mol なので，質量パーセント濃度は，

$$\frac{0.740\ \mathrm{mol} \times 60\ \mathrm{g/mol}}{1.0\ \mathrm{g/cm^3} \times 1000\ \mathrm{cm^3}} \times 100 = 4.44　よって，4.4\%$$

答 モル濃度：0.74 mol/L　　質量パーセント濃度：4.4%

4 次の文章を読み，下の各問いに答えよ。

過マンガン酸カリウム $KMnO_4$ は，硫酸酸性条件で（ ① ）剤としてはたらき，次の式(a)のように反応する。

$$MnO_4^- + 〔 ア 〕H^+ + 〔 イ 〕e^- \longrightarrow Mn^{2+} + 4〔 ウ 〕 \quad\text{(a)}$$

また，過酸化水素 H_2O_2 は，過マンガン酸カリウムと反応するとき（ ② ）剤としてはたらき，次の式(b)のように反応する。

$$H_2O_2 \longrightarrow 〔 エ 〕 + 2H^+ + 〔 オ 〕e^- \quad\text{(b)}$$

式(a)，(b)の反応を利用して，市販のオキシドール中に含まれる過酸化水素の濃度を測定する実験を行った。

《実験》

市販のオキシドールを純水で 10 倍に希釈した溶液 10 mL を，コニカルビーカーに正確にはかり取り，適量の希硫酸と純水を加え約 60℃ に温めた。この溶液が温かいうちに，0.050 mol/L 過マンガン酸カリウム水溶液を滴下したところ，7.2 mL 加えたところで溶液の色が変化したため，滴定を終了した。

問 1 （ ① ），（ ② ）に当てはまる語を答えよ。

ポイント 酸化剤…相手の物質を酸化し，電子を受け取って自身は還元される。
還元剤…相手の物質を還元し，電子を失って自身は酸化される。

解き方 ① MnO_4^- は電子を受け取って還元され，Mn^{2+} になっている。よって酸化剤である。
② H_2O_2 は電子を失っているため酸化されている。すなわち還元剤である。

答 ① 酸化　② 還元

問 2 〔 ア 〕〜〔 オ 〕に当てはまる数値または化学式を答え，化学反応式を完成させよ。

ポイント 半反応式をつくるときは，反応物と生成物を書き，酸素原子 O の数，水素原子 H の数，電荷の順に合わせる。

解き方 それぞれの反応は以下のようになる。

$$MnO_4^{-} + 8H^+ + 5e^- \longrightarrow Mn^{2+} + 4H_2O$$

$$H_2O_2 \longrightarrow O_2 + 2H^+ + 2e^-$$

答 ア 8　イ 5　ウ H_2O　エ O_2　オ 2

問 3 式(a)において，反応前後の Mn 原子の酸化数の変化を例にならって答えよ。
（例）　$+3 \longrightarrow -5$

ポイント 還元されると酸化数が減少し，酸化されると酸化数が増加する。

解き方 酸素の酸化数が -2 であることから，反応前の酸化数は $2\times4-1=+7$。反応後はイオンの価数と一致するため酸化数は $+2$ である。

答 $+7 \to +2$

問 4 次の化学反応式(1)〜(4)のうち，下線を付した物質が式(b)の過酸化水素と同じはたらきをしているものをすべて選び，記号で答えよ。

(1)　<u>Zn</u> + $CuSO_4 \longrightarrow ZnSO_4 + Cu$

(2)　<u>H_2O_2</u> + $2KI + H_2SO_4 \longrightarrow I_2 + 2H_2O + K_2SO_4$

(3)　<u>$K_2Cr_2O_7$</u> + $2KOH \longrightarrow 2K_2CrO_4 + H_2O$

(4)　2<u>H_2S</u> + $O_2 \longrightarrow 2S + 2H_2O$

ポイント 反応前後における酸化数の変化を調べる。

解き方 (b)の過酸化水素 H_2O_2 は還元剤としてはたらいている。

(1)　亜鉛の酸化数は $0 \to +2$ で，還元剤としてはたらいている。

(2)　ここでは，H_2O_2 は，次のように変化する。

$$H_2O_2 + 2H^+ \longrightarrow 2H_2O$$

ここで，水素を受け取っているため還元されている。よって酸化剤としてはたらいている。

(3)　$K_2Cr_2O_7$ は酸化剤としても還元剤としてもはたらいていない。

(4)　硫黄 S は反応前後で酸化数が $-2 \longrightarrow 0$ と増加している。このため，自身は酸化されていることから，還元剤としてはたらいている。

答 (1)，(4)

問 5 この実験で起こる変化を化学反応式で表せ。

ポイント

酸化剤・還元剤の半反応式から化学反応式をつくる手順
① 2つの半反応式の電子 e^- の数を等しくし，両辺どうしをそれぞれ加えて e^- を消去して，イオン反応式をつくる。
② 反応に関係しなかったイオンを，それぞれ両辺に電荷が 0 になるように加えて整理し，化学反応式を完成させる。

答 $5H_2O_2 + 2KMnO_4 + 3H_2SO_4$

$$\longrightarrow 5O_2 + 2MnSO_4 + K_2SO_4 + 8H_2O$$

問 6 下線部について，溶液の色の変化を簡潔に答えよ。

ポイント マンガンイオンは無色，過マンガン酸イオンは赤紫色。

解き方 オキシドール中に過酸化水素 H_2O_2 が残っている間は過マンガン酸カリウム水溶液中の赤紫色の過マンガン酸イオンは還元され無色のマンガンイオンになる。しかし，H_2O_2 がすべて反応した後は，滴下された過マンガン酸イオンが水溶液中に残るので，薄い赤紫色を示す。

答 無色から薄い赤紫色に変化する。

問 7 市販のオキシドール中の過酸化水素のモル濃度は何 mol/L か。有効数字 2 桁で答えよ。ただし，オキシドール中の成分のうち，過酸化水素以外は反応に関与しないものとする。

ポイント 酸化還元反応の終点では，放出される電子と受け取る電子の個数は一致する。

解き方 求める過酸化水素 H_2O_2 のモル濃度を x〔mol/L〕とおくと，

$$0.05\,\text{mol/L} \times \frac{7.2}{1000}\,\text{L} \times 5 = \frac{x}{10}\text{〔mol/L〕} \times \frac{10.0}{1000} \times 2$$

$$x = 0.90\,\text{mol/L}$$

答 0.90 mol/L

問 8 市販のオキシドール中の過酸化水素の質量パーセント濃度は何%か。有効数字2桁で答えよ。ただし，市販のオキシドールの密度は $1.0 \, g/cm^3$ とする。（原子量：H＝1.0，O＝16）

解き方 過酸化水素 H_2O_2 のモル質量は $34 \, g/mol$ となるため，質量パーセント濃度は以下のように求められる。

$$\frac{0.90 \, mol \times 34 \, g/mol}{1.0 \, g/cm^3 \times 1000 \, cm^3} \times 100 = 3.06$$

よって，3.1%

答 3.1%

問 9 この実験には希硫酸を用いているが，希硫酸の代わりに希塩酸を使うと，正しい実験結果が得られない。その理由を簡潔に答えよ。

解き方 希硫酸を加えるのは酸化剤の反応に必要な H^+ を供給するためであり，酸化還元反応に影響しない。還元剤としてはたらくことのできる塩酸を使うと，酸化還元反応に影響してしまう。

答 塩酸中の HCl は過マンガン酸カリウムによって酸化され還元剤としてはたらくから。

巻末資料　問いのガイド

教科書 p.190〜197

問1 次のイオンの組み合せからなる物質の組成式を書け。　**教科書：p.190**
① Na^+ O^{2-}　② Mg^{2+} NO_3^-　③ Al^{3+} Cl^-
④ Ca^{2+} PO_4^{3-}　⑤ NH_4^+ SO_4^{2-}　⑥ Mg^{2+} OH^-
⑦ Ca^{2+} CO_3^{2-}　⑧ Al^{3+} SO_4^{2-}

ポイント 正負の電荷がつり合うような整数の比を考える。
多原子イオンが複数の場合は( )で囲む。

解き方 ① Na^+ と O^{2-} の正負の電荷がつり合うような比は，2：1である。
② Mg^{2+} と NO_3^- の正負の電荷がつり合うような比は，1：2である。多原子イオンの NO_3^- が複数あるから，これを( )で囲む。
③ Al^{3+} と Cl^- の正負の電荷がつり合うような比は，1：3である。
④ Ca^{2+} と PO_4^{3-} の正負の電荷がつり合うような比は，3：2である。
⑤ NH_4^+ と SO_4^{2-} の正負の電荷がつり合うような比は，2：1である。
⑥ Mg^{2+} と OH^- の正負の電荷がつり合うような比は，1：2である。
⑦ Ca^{2+} と CO_3^{2-} の正負の電荷がつり合うような比は，1：1である。
⑧ Al^{3+} と SO_4^{2-} の正負の電荷がつり合うような比は，2：3である。

答 ① Na_2O　② $Mg(NO_3)_2$　③ $AlCl_3$　④ $Ca_3(PO_4)_2$
⑤ $(NH_4)_2SO_4$　⑥ $Mg(OH)_2$　⑦ $CaCO_3$　⑧ $Al_2(SO_4)_3$

問2 次の組成式で表される物質の名称を書け。　**教科書：p.190**
① CaO　② $ZnSO_4$　③ K_2S　④ $BaCO_3$　⑤ CaF_2　⑥ K_3PO_4

ポイント イオンの名称を，陰イオン→陽イオンの順に読む。
物質名だから，「イオン」「物イオン」は読まない。

解き方 ① CaO は，カルシウムイオン Ca^{2+} と酸化物イオン O^{2-} からできている。組成式の読み方から，酸化物イオン→酸化，カルシウムイオン→カルシウムと読んで，物質の名称は酸化カルシウムとなる。

答 ① 酸化カルシウム　② 硫酸亜鉛　③ 硫化カリウム
④ 炭酸バリウム　⑤ フッ化カルシウム　⑥ リン酸カリウム

問3　次の物質を組成式で書け。　　　　　　　**教科書：p.190**

① 炭酸カルシウム　② 塩化銀　③ 塩化カルシウム

④ 硫化銅(Ⅱ)　⑤ 水酸化バリウム　⑥ 硫酸鉄(Ⅱ)

ポイント 組成式では，正負の電荷がつり合うような比を考える。

解き方 ① 炭酸カルシウムは，陰イオンである炭酸イオン CO_3^{2-} と陽イオンであるカルシウムイオン Ca^{2+} からなる物質だと考えられる。

② 塩化銀は，陰イオンである塩化物イオン Cl^- と陽イオンである銀イオン Ag^+ からなる物質だと考えられる。

③ 塩化カルシウムは，陰イオンである塩化物イオン Cl^- と陽イオンであるカルシウムイオン Ca^{2+} からなる物質だと考えられる。

④ 硫化銅(Ⅱ)は，陰イオンである硫化物イオン S^{2-} と陽イオンである銅(Ⅱ)イオン Cu^{2+} からなる物質だと考えられる。

⑤ 水酸化バリウムは，陰イオンである水酸化物イオン OH^- と陽イオンであるバリウムイオン Ba^{2+} からなる物質だと考えられる。

⑥ 硫酸鉄(Ⅱ)は，陰イオンである硫酸イオン SO_4^{2-} と陽イオンである鉄(Ⅱ)イオン Fe^{2+} からなる物質だと考えられる。

答 ① $CaCO_3$　② $AgCl$　③ $CaCl_2$

④ CuS　⑤ $Ba(OH)_2$　⑥ $FeSO_4$

問4　次の化学式で表される物質の名称を書け。　　　**教科書：p.190**

① HCl　② H_2S　③ NH_3　④ SO_2　⑤ SO_3

⑥ NO　⑦ NO_2　⑧ N_2O_4　⑨ N_2O_5　⑩ H_2SO_4

⑪ HNO_3　⑫ P_4O_{10}　⑬ H_3PO_4　⑭ CH_4　⑮ C_2H_6

⑯ C_3H_8　⑰ CH_3OH　⑱ C_2H_5OH　⑲ CH_3COOH　⑳ H_2O_2

ポイント 同じ元素が複数含まれる化合物(特に酸化物)では，原子の数も読む。

解き方 ④ SO_2 には酸化物イオンが2個含まれているため，二酸化硫黄と呼ぶ。

⑤ SO_3 には酸化物イオンが3個含まれているため，三酸化硫黄と呼ぶ。

⑥ NO には酸化物イオンが1個含まれているため，一酸化窒素と呼ぶ。

⑦ NO_2 には酸化物イオンが2個含まれているため，二酸化窒素と呼ぶ。

答 ① **塩化水素**　② **硫化水素**　③ **アンモニア**

④　二酸化硫黄　　⑤　三酸化硫黄　　⑥　一酸化窒素

⑦　二酸化窒素　　⑧　四酸化二窒素　　⑨　五酸化二窒素

⑩　硫酸　　⑪　硝酸　　⑫　十酸化四リン　　⑬　リン酸

⑭　メタン　　⑮　エタン　　⑯　プロパン　　⑰　メタノール

⑱　エタノール　　⑲　酢酸　　⑳　過酸化水素

問1　粒子の数から物質量への変換　　　　　教科書：p.191
(1)　Al 3.0×10^{23} 個は何 mol か。
(2)　NH_3 1.2×10^{24} 個は何 mol か。

ポイント　物質量〔mol〕＝$\dfrac{粒子数}{6.0 \times 10^{23}/mol（アボガドロ定数）}$

解き方　(1)　$\dfrac{3.0 \times 10^{23}}{6.0 \times 10^{23}/mol} = 0.50$ mol

(2)　$\dfrac{1.2 \times 10^{24}}{6.0 \times 10^{23}/mol} = 2.0$ mol

答　(1)　**0.50 mol**　　(2)　**2.0 mol**

問2　質量から物質量への変換　　　　　教科書：p.191
(3)　C 3.6 g は何 mol か。
(4)　NaCl 23.4 g は何 mol か。

ポイント　物質量〔mol〕＝$\dfrac{質量〔g〕}{モル質量〔g/mol〕}$

解き方　(3)　$\dfrac{3.6\ g}{12\ g/mol} = 0.30$ mol

(4)　NaCl のモル質量は，$23 + 35.5 = 58.5$ g/mol
よって，求める物質量は，

$$\dfrac{23.4\ g}{58.5\ g/mol} = 0.400\ mol$$

答　(3)　**0.30 mol**　　(4)　**0.400 mol**

問3 気体の体積から物質量への変換　　　　　　**教科書：p.191**

(5) CH_4 5.6 L は何 mol か。

(6) CO_2 33.6 L は何 mol か。

ポイント 物質量〔mol〕＝$\dfrac{体積〔L〕}{22.4\ L/mol}$　　（標準状態）

解き方 (5) $\dfrac{5.6\ L}{22.4\ L/mol}=0.25$ mol

(6) $\dfrac{33.6\ L}{22.4\ L/mol}=1.50$ mol

答 (5) **0.25 mol**　　(6) **1.50 mol**

問4 物質量から粒子数への変換　　　　　　**教科書：p.191**

(7) Al 0.30 mol 中の原子の数は何個か。

(8) HCl 2.5 mol 中の分子の数は何個か。

ポイント 粒子数（個）＝物質量〔mol〕×$6.0×10^{23}$/mol（アボガドロ定数）

解き方 (7) 0.30 mol $×6.0×10^{23}$/mol$=1.8×10^{23}$（個）

(8) 2.5 mol $×6.0×10^{23}$/mol$=1.5×10^{24}$（個）

答 (7) **$1.8×10^{23}$ 個**　　(8) **$1.5×10^{24}$ 個**

問5 物質量から質量への変換　　　　　　**教科書：p.191**

(9) $Ca(OH)_2$ 0.50 mol は何 g か。

(10) C_3H_8 0.20 mol は何 g か。

ポイント 質量〔g〕＝物質量〔mol〕×モル質量〔g/mol〕

解き方 (9) $Ca(OH)_2$ のモル質量は，40 g/mol$+2(16+1.0)$g/mol$=74$ g/mol である。よって，求める質量は 0.50 mol$×74$ g/mol$=37$ g となる。

(10) C_3H_8 のモル質量は，$3×12$ g/mol$+8×1.0$ g/mol$=44$ g/mol である。よって，求める質量は，0.20 mol$×44$ g/mol$=8.8$ g となる。

答 (9) **37 g**　　(10) **8.8 g**

問6　物質量から気体の体積への変換　　　　　　　教科書：p.191

⑾　O_2 0.15 mol は何 L か。

⑿　Ne 4.0 mol は何 L か。

ポイント　気体の体積〔L〕＝物質量〔mol〕×22.4 L/mol　　（標準状態）

解き方　⑾　0.15 mol×22.4 L/mol＝3.36 L≒3.4 L

物質量の有効数字が2桁なので，体積の有効数字をこれに合わせる。

⑿　4.0 mol×22.4 L/mol＝89.6≒90 L

有効数字を合わせる。

答　⑾　3.4 L　　⑿　90 L

問7　粒子の数，質量，体積の変換　　　　　　　　教科書：p.191

まず物質に変換してから，目的の量へ変換する。

例

粒子の数 ——÷(6.0×10²³/mol)→ 物質量 ——×モル質量〔g/mol〕→ 質量

質量 ——÷モル質量〔g/mol〕→ 物質量 ——×(6.0×10²³/mol)→ 粒子の数

気体の体積 ——÷22.4 L/mol→ 物質量 ——×モル質量〔g/mol〕→ 質量

⒀　CH_4 1.2×10²⁴ 個の質量は何 g か。

⒁　HCl 3.0×10²² 個の体積は何 L か。

⒂　H_2O 36 g 中の分子の数は何個か。

⒃　CO_2 11 g の体積は何 L か。

⒄　NH_3 0.56 L 中の分子の数は何個か。

⒅　N_2 28 L の質量は何 g か。

ポイント　物質量〔mol〕に変換してから計算する。

解き方　⒀　物質量は，$\dfrac{1.2\times10^{24}}{6.0\times10^{23}/mol}=2.0$ mol

CH_4 のモル質量は，12+1.0×4＝16 より，16 g/mol

よって，求める質量は，2.0 mol×16 g/mol＝32 g

(14) 物質量は，$\dfrac{3.0\times10^{22}}{6.0\times10^{23}/\mathrm{mol}}=0.050\ \mathrm{mol}$

  よって，求める体積は，$0.050\ \mathrm{mol}\times22.4\ \mathrm{L/mol}=1.12\ \mathrm{L}\fallingdotseq1.1\ \mathrm{L}$
  有効数字の桁数が小さい方に合わせる。

(15) H_2O のモル質量は，$1\times2+16=18$ より，$18\ \mathrm{g/mol}$

  よって，H_2O の物質量は，$\dfrac{36\ \mathrm{g}}{18\ \mathrm{g/mol}}=2.0\ \mathrm{mol}$

  これらより，求める分子の数は，
    $2.0\ \mathrm{mol}\times6.0\times10^{23}/\mathrm{mol}=1.2\times10^{24}（個）$

(16) CO_2 のモル質量は，$12+2\times16=44$ より，$44\ \mathrm{g/mol}$

  よって，CO_2 の物質量は，$\dfrac{11\ \mathrm{g}}{44\ \mathrm{g/mol}}=0.25\ \mathrm{mol}$

  これらより，求める体積は，
    $0.25\ \mathrm{mol}\times22.4\ \mathrm{L/mol}=5.6\ \mathrm{L}$

(17) NH_3 の物質量は，$\dfrac{0.56\ \mathrm{L}}{22.4\ \mathrm{L/mol}}=0.025\ \mathrm{mol}$

  よって，求める分子の数は，
    $0.025\ \mathrm{mol}\times6.0\times10^{23}/\mathrm{mol}=1.5\times10^{22}（個）$

(18) N_2 の物質量は，$\dfrac{28\ \mathrm{L}}{22.4\ \mathrm{L/mol}}=1.25\ \mathrm{mol}$

  ここで，N_2 のモル質量は $2\times14=28$ より，$28\ \mathrm{g/mol}$
  よって，求める質量は，
    $1.25\ \mathrm{mol}\times28\ \mathrm{g/mol}=35\ \mathrm{g}$

答 (13) **32 g**   (14) **1.1 L**   (15) **1.2×10^{24} 個**
  (16) **5.6 L**   (17) **1.5×10^{22} 個**   (18) **35 g**

問8 モル濃度を求める。　　　　　　　　　　**教科書：p.191**
 (19) $NaCl$ 0.50 mol を水に溶かして 200 mL とした溶液
 (20) $NaOH$ 10 g を水に溶かして 500 mL とした溶液
 (21) NH_3 2.24 L を水に溶かして 250 mL とした溶液

ポイント モル濃度〔mol/L〕$=\dfrac{\text{溶質の物質量〔mol〕}}{\text{溶液の体積〔L〕}}$

問いのガイド

解き方 (19) $\dfrac{0.050\ \text{mol}}{\dfrac{200}{1000}\ \text{L}} = 2.5\ \text{mol/L}$

(20) NaOH のモル質量は $23+16+1=40\ \text{g/mol}$ より，物質量は，

$\dfrac{10\ \text{g}}{40\ \text{g/mol}} = 0.25\ \text{mol}$

よって，求めるモル濃度は，$\dfrac{0.25\ \text{mol}}{\dfrac{500}{1000}\ \text{L}} = 0.50\ \text{mol/L}$

(21) NH_3 の物質量は，$\dfrac{2.24\ \text{L}}{22.4\ \text{L/mol}} = 0.100\ \text{mol}$　　よって，求めるモル

濃度は，$\dfrac{0.100\ \text{mol}}{\dfrac{250}{1000}\ \text{L}} = 0.400\ \text{mol/L}$

答 (19) **2.5 mol/L**　　(20) **0.50 mol/L**　　(21) **0.400 mol/L**

問9　溶質の物質量を求める　　　　　　　　　　　　**教科書：p.191**

(22) 0.50 mol/L グルコース水溶液 3.0 L 中に含まれるグルコースの物質量

(23) 2.0 mol/L アンモニア水 40 mL 中に含まれるアンモニアの物質量

ポイント 溶質の物質量〔mol〕＝モル濃度〔mol/L〕×容積の体積〔L〕

解き方 (22) $0.50\ \text{mol/L} \times 3.0\ \text{L} = 1.5\ \text{mol}$

(23) $2.0\ \text{mol/L} \times \dfrac{40}{1000}\ \text{L} = 0.080\ \text{mol}$

答 (22) **1.5 mol**　　(23) **0.080 mol**

●**練習**●　次の数を $A \times 10^n$ の形で表せ。　　　　**教科書：p.192**

(1) 965

(2) 0.000053

解き方 (1) $965 = 9.65 \times 100 = 9.65 \times 10^2$

(2) $0.000053 = 5.3 \times 0.00001 = 5.3 \times 10^{-5}$

答 (1) $\mathbf{9.65 \times 10^2}$　　(2) $\mathbf{5.3 \times 10^{-5}}$